Klaus Gillessen

—

Die Physik des Klangs

Klaus Gillessen

Die Physik des Klangs

Eine Einführung

STUDIO ● VERLAG
Königshausen & Neumann

Bibliografische Information der Deutschen Nationalbibliothek

Die Deutsche Nationalbibliothek verzeichnet diese Publikation in der Deutschen Nationalbibliografie; detaillierte bibliografische Daten sind im Internet über http://dnb.d-nb.de abrufbar.

Studio●Verlag ist ein Imprint der eingetragenen Gesellschaft Verlag Königshausen & Neumann GmbH.

Gedruckt auf säurefreiem, alterungsbeständigem Papier
Umschlag: skh-softics / coverart
Umschlagabbildung: Login: Wave background; #183732886 © adobestock.com

Printed in Germany
ISBN 978-3-8260-7267-3
www.koenigshausen-neumann.de
www.ebook.de
www.buchhandel.de
www.buchkatalog.de

Inhaltsverzeichnis

1. Zur Einführung: Ton und Zahl

Musik und Physik werden üblicherweise als deutlich getrennte Gebiete betrachtet: Ausgeübte Musik zählt zu den Künsten, die Musikwissenschaft zu den Geisteswissenschaften, während die Physik in den Bereich der Naturwissenschaften gehört. Tatsächlich interessieren sich nur verhältnismäßig wenige MusikerInnen beziehungsweise MusikwissenschaftlerInnen für physikalische Fragen. Umgekehrt haben auch PhysikerInnen seltener eine musikalische Ausbildung, allerdings gibt es unter ihnen doch nicht wenige, die sich als Amateure mit Musik beschäftigen. Ein prominentes Beispiel hierfür ist Albert Einstein (1871–1955), einer der berühmtesten Physiker überhaupt, der recht gut Geige gespielt hat.

Dieses Buch möchte helfen, die Kluft zwischen der schönen Kunst Musik und der vermeintlich trockenen Wissenschaft Physik zu verringern, indem es zum Beispiel einem Musiker erklärt, wie der Klang seines Instruments zustande kommt, warum er den Ton einer Oboe von dem einer Geige ohne weiteres unterscheiden kann, wie die Musik durch den Raum in sein Ohr gelangt, was sich in seinem Ohr abspielt und wie sein Gehirn das akustische Signal verarbeitet. Bei der Antwort auf die letzte Frage muss ich es aber bei einigen Andeutungen belassen, weil ich mich nicht zu weit auf ein fremdes Fachgebiet begeben möchte, und weil auch manches noch nicht ganz erforscht ist. Andererseits bringt dieses Buch auch einem musikalisch interessierten Physiker vielleicht einiges Neues, das er nicht in seiner Ausbildung erfahren hat, wie beispielsweise die genauere Funktion der Musikinstrumente oder die verschiedenen Tonsysteme.

*

Dass aber trotz der allgemein verbreiteten Trennung zwischen Musik und Physik doch enge Beziehungen zwischen den beiden Disziplinen bestehen, ist der Menschheit schon seit sehr langer Zeit bekannt. Die frühesten europäischen Belege hierfür stammen aus dem alten Griechenland, sie gehen auf Pythagoras (ca. 570 bis ca. 480 v. Chr.) und seine Schüler, die Pythagoräer zurück, und wurden in den nachfolgenden Jahrhunderten immer wieder neu interpretiert und umgedeutet. Von Pythagoras selber sind keine schriftlichen Zeugnisse erhalten. Erst gut tausend Jahre später berichtet Anicius Manlius Severinus Boethius (ca. 480 bis 524 n. Chr.), dessen Schriften eine wichtige Brücke zwischen Antike und Mittelalter darstellen, über Pythagoras' Forschungen. Als Letzterer eine Schmiede betrat, sollen, so Boethius, ihm die unterschiedlichen Klänge aufgefallen sein, die beim Hämmern des Metalls entstehen. Und so kam ihm der Gedanke, die Intervalle zwischen diesen Klängen könnten etwas mit den Verhältnissen der Gewichte der verwendeten Hämmer zu tun haben. Aus dieser Beobachtung soll Pythagoras die Zahlenrelationen zwischen Intervallen abgeleitet haben. Diese Legende hat allerdings einen Haken: Das Ereignis kann so nicht stattgefunden haben, weil die Töne in diesem Fall eher vom Werkstück oder Amboss als vom Hammer bestimmt werden, und weil die Schwingungsfrequenzen von kompliziert geformten Körpern im allgemeinen keine musikalischen Intervalle ergeben. Doch tatsächlich erforschten die Pythagoräer die Zusammenhänge zwischen musikalischen Phänomenen und Zahlen. So untersuchten sie beispielsweise, wie die Intervalle und die Teilungsverhältnisse einer gespannten Saite miteinander in Beziehung stehen. Vermutlich verwendeten sie dazu ein MONOCHORD, ein hauptsächlich für Lehrzwecke eingesetztes Musikinstrument, dessen früheste uns bekannte Beschreibung von Euklid (um 300 v. Chr.) stammt. Mit seiner Hilfe lässt sich anschaulich demonstrieren, dass die angenehm klingenden Intervalle und die dazugehörigen Saitenabschnitte sich durch einfache ganze Zahlen wie 1, 2, 3, 4 und daraus gebildete Brüche wie 2:1, 3:2, 4:3 darstellen lassen. Dies gehört bis heute zum Grundwissen der musikalischen Akustik. Wenn man zum Beispiel eine 60 cm lange Saite in zwei Abschnitte zu 36 cm und 24 cm teilt, so verhalten sich die neuen Längen wie 3:2, und die beim Anzupfen oder Anstreichen entstehenden Töne bilden eine Quinte. In der Zeit nach den Pythagoräern hat sich offenbar der musikalische Geschmack geändert, denn im ersten Jahrhundert vor Christus rechnet Didymos auch jene Intervalle zu den wohlklingenden, die den mit der Zahl 5 gebildeten Verhältnissen 5:3, 5:4 und 6:5 entsprechen.

*

In *De institutione musica* von Boethius (s. o.) findet sich ein früher Hinweis darauf, dass die Tonhöhe eines Musikinstruments nicht primär mit den Längen von Saiten oder Luftsäulen, sondern mit der Schnelligkeit der Bewegung zusammenhängt. Das kommt unserem heutigen Wissen schon nahe: Wir beschreiben eine Tonhöhe mit der Größe FREQUENZ, das ist die Anzahl der Schwingungen pro Sekunde, also auch eine Art von GESCHWINDIGKEIT (siehe Kapitel 3). Von Boethius stammt auch die Einteilung der auf die Philosophie vorbereitenden Wissenschaften in die sieben Artes Liberales, die aus dem Trivium (die sprachbasierten Fähigkeiten Dialektik, Grammatik, Rhetorik) und dem Quadrivium (die auf Zahlen basierenden Wissenschaften Arithmetik, Astronomie, Geometrie und Musik) bestehen. In diesem bis in die frühe Neuzeit gültigen Bildungskanon zeigt sich, dass die Musik – zumindest ihr theoretischer Unterbau – damals als eng mit der Mathematik und der noch nicht als eigene Wissenschaft existierenden Physik verbunden galt.

*

Wir machen einen Sprung von wiederum tausend Jahren in das Jahr 1619: In jenem Jahr verfasste Johannes Kepler (1571–1630) seine Schrift *Harmonices mundi libri V*. Darin beschreibt er nicht nur die nach ihm benannten physikalischen Gesetze, nach denen sich die Planeten auf ihren elliptischen Bahnen bewegen. Sondern er stellt zugleich eine Analogie zu den musikalischen Intervallen her. Wie auch die fünf platonischen Körper (die regelmäßigen Polyeder) und die Planetenbewegung verstand Kepler diese als Teil der göttlichen Harmonie. Nachdem er vergeblich versucht hatte, eine Verbindung zwischen den naheliegenden Größen der Planetenbahnen (zum Beispiel den Umlaufzeiten) und den Intervallen in der Musik herzustellen, fand er schließlich eine zumindest annähernd stimmende Beziehung zwischen den jeweiligen Maximal- und Minimalgeschwindigkeiten der damals bekannten sechs Planeten und den harmonischen Intervallen. Allerdings fügt es sich eigentlich nicht in die Vorstellung der göttlichen Harmonie, dass diese Relationen nicht exakt stimmen. Spätestens nach der Entdeckung der weiteren Planeten wäre sein Gedankengebäude zusammengebrochen. Keplers Sicht auf die Natur war noch ganz in der Tradition der Antike und des Mittelalters verwurzelt, die in der Bewegung der Himmelskörper eine Sphärenharmonie zu erkennen glaubte.

*

Fast zur gleichen Zeit forschte Galileo Galilei (1564–1642) in Pisa. Er war der Sohn des Komponisten und Musiktheoretikers Vincenzo Galilei, der sich u. a. mit der Stimmung von Musikinstrumenten befasst hatte. Als einer der ersten modernen Forscher vertrat Galileo die Ansicht, dass die Natur sich mithilfe mathematischer Gesetze beschreiben lässt. Eine Reihe von Experimenten und theoretischen Überlegungen widmete Galileo den Bewegungen von Pendeln. In physikalischem Sinne sind Pendel schwingungsfähige Systeme, die in der musikalischen Akustik eine entscheidende Rolle spielen. Galileo fand heraus, dass die Dauer der Schwingungen eines Pendels im Grunde nur von seiner Länge abhängt, dass also die Schwingungsweite kaum eine Rolle spielt.

*

Neben den Schwingungen spielt für die Akustik auch die Schallgeschwindigkeit eine wichtige Rolle. Sie wurde zuerst von Marin Mersenne (1588–1648) bestimmt, indem er die Zeit maß, die für einen entfernten Beobachter zwischen dem Mündungsfeuer und dem Knall einer Kanone vergeht.

*

Gegen Ende des 17. Jahrhunderts gelang es Robert Hooke (1635–1703) zum ersten Mal, die Frequenz von musikalischen Tönen zu messen. Dazu hielt er eine Karte an ein rotierendes Zahnrad. Aus der Anzahl der Zähne und der Drehzahl des Rades errechnete er sodann die zu dem dabei entstehenden Ton gehörende Frequenz. Hooke hat auch als erster die Schwingungsformen einer quadratischen Platte beobachtet: Er spannte sie in ihrem Mittelpunkt ein, bestreute sie mit Sand und strich mit dem Bogen eines Streichinstruments über ihren Rand. Wenn die Platte schwingt, sammelt sich der Sand an den Stellen, an denen die Platte ruht, so dass das Schwingungsmuster sichtbar wird. Das gleiche Experiment wurde später von Ernst Florens Friedrich Chladni (1765–1827) mit Platten verschiedener Formen durchgeführt und 1787 ausführlich beschrieben. Daher werden die entstehenden Muster heute meist als Cladnische Klangfiguren bezeichnet, obwohl Hooke sie eindeutig früher beobachtet hat.

Ähnliche Berühmtheit erlangte ein Versuch, den August Kundt (1839–1894) im Jahr 1866 vornahm. Er veranschaulichte die Schwingungen von Luft, die in eine Glasröhre eingeschlossen ist. Dazu brachte er ein leichtes Pulver (zum Beispiel aus Korkmehl) in die Röhre. Dann nahm er einen Metallstab, dessen eines Ende er einspannte und an dessen anderem Ende er ein rundes Plättchen anbrachte, das in die Glasröhre ragte. Mit einem Tuch rieb er den Stab in Längsrichtung. Nun zeigte sich an der Verteilung des Pulvers in der Röhre, an welchen Stellen die Luft in Bewegung versetzt wurde: Man sieht die Kundtschen Staubfiguren.

*

Grundlegende Erkenntnisse verdankt die musikalische Akustik dem Mediziner und Naturwissenschaftler

Hermann von Helmholtz (1821–1894). Unter anderem beschäftigte er sich mit der Physiologie des Hörens und legte seine Forschungen in dem Buch *Die Lehre von den Tonempfindungen als physiologische Grundlage für die Theorie der Musik* (1863) dar. Helmholtz wies erstmals – mithilfe der nach ihm benannten Resonatoren – die Existenz von Obertönen nach.

Diese Helmholtzschen Resonatoren sind kugelförmige Glasgefäße mit zwei gegenüberliegenden Öffnungen. An einer Öffnung ist ein trichterförmiger kurzer Hals angesetzt, der in den Gehörgang des Experimentators eingeführt wird. Die andere Öffnung ist mit einem kurzen Rohrstück versehen und wird in die Nähe der zu untersuchenden Schallquelle gebracht. Je nach dem Volumen der Glaskugel wird die Schwingung einer bestimmten Frequenz durch RESONANZ so verstärkt, dass ihr Vorkommen in einem Gemisch verschiedener Töne eindeutig zu hören ist.

Mit einem Satz solcher Resonatoren hat Helmholtz den Obertongehalt von musikalischen Tönen systematisch untersucht. So konnte er zeigen, dass die unterschiedlichen Klangfarben von Instrumenten durch die Zusammensetzung ihrer jeweiligen OBERTÖNE bestimmt wird. Aufbauend auf der Kenntnis der Obertöne hat er dann eine auf objektiv messbaren Tatsachen beruhende Theorie der Konsonanz beziehungsweise Dissonanz entwickelt, die heute noch anerkannt wird.

*

Mit Beginn des 20. Jahrhunderts kann die Akustik im allgemeinen und die Physik der Musik im besonderen als nahezu vollständig erforschtes Teilgebiet der Mechanik gelten. Erheblich weiterentwickelt wurden jedoch die Berechnungsmethoden und die Messtechnik.

In der Theorie hat man zum Beispiel Konzepte aus der Hochfrequenztechnik erfolgreich auf das Verhalten von Blasinstrumenten angewandt. Mit modernen Messverfahren wie Hochgeschwindigkeitskameras, Ultraschalluntersuchungen und elektronischen Frequenzanalysen können akustische Untersuchungen jetzt wesentlich einfacher, schneller und genauer durchgeführt werden als beispielsweise zu Helmholtz' Zeiten. Mit Hilfe der Computer können auch wesentlich komplexere Probleme als früher angegangen werden, zum Beispiel die numerische Lösung von komplizierten Gleichungen mit vielen von einander abhängigen Größen. Heute kann die Physik die Funktionsweise unserer Musikinstrumente und die akustischen Eigenschaften von Räumen im Prinzip erklären, wenn auch nicht in allen Einzelheiten exakt berechnen, dazu sind die Verhältnisse in der Regel zu komplex. Wie Musik vom Ohr aufgenommen wird, ist ebenfalls weitgehend verstanden. Die Verarbeitung der durch Töne und Klänge im Ohr erzeugten Signale in den Nervenbahnen und im Gehirn ist aber noch Gegenstand der aktuellen Forschung. Warum und wie Musik auf die Psyche des Hörers einwirkt, ist schließlich eine Frage, zu deren Klärung die Physik wohl nur wenig beitragen kann.

*

Bevor wir nun in den folgenden Kapiteln in die Physik der Musik einsteigen, möchte ich noch einige grundsätzliche Bemerkungen zum Selbstverständnis und zum Vorgehen der Physik anbringen. Das „Verstehen" im Sinne der Physik ist strenggenommen nicht vollständig, denn es bedeutet eigentlich nur ein Zurückführen auf wenige Grundgesetze, wie zum Beispiel das Gravitationsgesetz oder den Satz von der Erhaltung der Energie. Ein Vorgang in der Natur gilt als verstanden, wenn er mit Hilfe der physikalischen Gesetze erklärt und auch exakt vorausberechnet werden kann. Dazu ein Beispiel aus der Astronomie: lange Zeit war das plötzliche Auftreten einer Sonnenfinsternis ein Grund zum Erschrecken, bis man die Bewegung der Himmelskörper verstanden hatte. Seitdem können die Astronomen genau vorhersagen, wo auf unserem Planeten und von wann bis wann eine Sonnenfinsternis zu beobachten sein wird. Damit haben die Sonnenfinsternisse ihren Schrecken verloren. Warum die den Bewegungen zugrunde liegenden Gravitationskräfte aber gerade so sind, wie sie sind, kann die Physik nicht erklären. Die Grundgesetze werden solange als wahr und damit gültig angesehen, bis ein neues Phänomen gefunden wird, das ihnen widerspricht. Dann muss die Theorie der neuen experimentellen Erfahrung angepasst werden. Insofern hat in der Physik das Experiment immer das letzte Wort.

Typisch für das Vorgehen der Physik ist auch, dass man zunächst vereinfachte Systeme betrachtet, sogenannte Modelle. Ein Modell hat gegenüber der komplizierten Wirklichkeit den Vorteil, dass es verhältnismäßig einfach zu berechnen ist, aber die wesentlichen Züge einer realen Anordnung schon annähernd richtig beschreibt. Zum Beispiel vernachlässigt die von Galilei aufgestellte Theorie des Pendels den Luftwiderstand und die MASSE und Steifigkeit des Fadens. Weil diese Einflüsse in der Praxis aber gering sind, ist es möglich, die Pendelbewegung mit einer einfachen Gleichung hinreichend genau zu beschreiben.

Der Nachteil eines solchen Modells ist natürlich,

dass es die Wirklichkeit nicht exakt wiedergibt, da es ja eigentlich nur ein Gedankenkonstrukt ist. Um beispielsweise die Tonhöhe eines Instruments mit für musikalische Zwecke ausreichender Genauigkeit zu berechnen, darf die Theorie nur um wenige Promille von der Praxis abweichen.

Weil wie eben gesagt Modelle einfacher zu berechnen und damit schneller zu verstehen sind, werde ich in diesem Buch hauptsächlich solche vereinfachten Systeme behandeln. Ich werde aber auch an verschiedenen Stellen darauf hinweisen, wo die Grenzen dieser Betrachtungsweise sind, wie sich das Verhalten der realen Systeme von dem der Modelle unterscheidet. Zum Verständnis der im folgenden benutzten Rechnungen sind gewisse Kenntnisse der Mathematik notwendig, die aber nicht über den normalen Schulstoff hinausgehen. Nur bei einigen wenigen Gelegenheiten kommt höhere Mathematik ins Spiel; hier beschränke ich mich darauf, die Ergebnisse der jeweiligen Rechnungen anzugeben, der/die Leser(in) möge mir in diesem Punkt bitte vertrauen. Wer tiefer in das Thema „Musik und Physik“ einsteigen möchte, sei auf die Literaturliste im Anhang verwiesen.

2. Zuerst einmal Ordnung schaffen: Systematik der Musikinstrumente

Musikinstrumente lassen sich unter verschiedenen Aspekten in Kategorien einteilen. Am gebräuchlichsten ist die Unterscheidung nach der Art der Spielweise, gewissermaßen aus der Sicht der Instrumentalisten. Danach gibt es Streich-, Zupf-, Blas-, Tasten- und Schlaginstrumente, wobei die Blasinstrumente meist noch in Holz- und Blechblasinstrumente unterteilt werden, je nachdem, aus welchem Material sie hergestellt wurden. Aus diesem Blickwinkel betrachtet zum Beispiel der Instrumentenbauer seine Werke, schließlich spielt die Kenntnis der Materialeigenschaften bei seiner speziellen Ausbildung eine wichtige Rolle. Manche Instrumente bezeichnet man auch nach der Art ihrer Verwendung, zum Beispiel gibt es Signal-, Volksmusik- und Kinderinstrumente.

Diese Methoden erlauben oft keine eindeutige Einordnung und sind deshalb für wissenschaftliche Zwecke nicht geeignet. In der Musikwissenschaft hat sich deshalb die Klassifikation nach Erich von Hornbostel und Curt Sachs (1914) durchgesetzt. Sie geht von dem Teil des Instruments aus, der primär in Schwingungen versetzt wird und so die Tonhöhe bestimmt. Die ursprünglichen vier Klassen dieses Systems waren die CHORDOPHONE (Saitenschwinger), AEROPHONE (Luftschwinger), MEMBRANOPHONE (Membranschwinger) und IDIOPHONE (Selbstschwinger). Inzwischen ist die fünfte Klasse der ELEKTROPHONE hinzugekommen, der elektronischen Musikinstrumente, die Töne nicht mechanisch, sondern durch elektrische Ströme erzeugen. Die Art der Erregung des schwingenden Elements, also zum Beispiel Schlagen, Zupfen, Streichen, Blasen usw. kommt erst bei der weiteren Unterteilung zum Tragen.

Bei der Hornbostel-Sachs-Klassifikation fällt auf, dass sie nach der Anzahl der Dimensionen des schwingenden Teils unterscheidet: die Chordophone und Aerophone beruhen auf einem im wesentlichen eindimensionalen Objekt, Saiten und Luftsäulen der entsprechenden Musikinstrumente sind in der Regel sehr dünn im Vergleich zur jeweiligen Länge. Bei den Membranophonen handelt es sich um aufgespannte dünne Häute oder Folien, also Gegenstände, die annähernd nur zwei Dimensionen aufweisen, während bei den Idiophonen sehr verschieden geformte dreidimensionale Körper vorliegen, zum Beispiel Stäbe oder Glocken. Im Gegensatz hierzu fällt es schwer, den Elektrophonen eine Dimension zuzuordnen, die bewegten Elektronen kann man nach menschlichen Maßstäben als punktförmig ansehen. Insofern könnte man sie als nulldimensional bezeichnen.

3. Zwei Grundbegriffe: Schwingungen und Wellen

Bevor wir uns den Musikinstrumenten zuwenden, sind zwei wichtige Grundbegriffe zu erläutern: Schwingungen und Wellen. Ohne sie lässt sich die Physik jener Vorgänge, die beim Erklingen von Musik auftreten, nicht begreifen.

In unserer alltäglichen Umgebung begegnen uns nahezu überall SCHWINGUNGEN: eine Schaukel, das Pendel einer Uhr schwingt – und eben auch die Saite einer Violine. Abstrakt beschrieben stellt eine Schwingung eine periodische Hin- und Her-Bewegung dar, also einen sich regelmäßig wiederholenden Vorgang.

Eine WELLE ist eine sich ausbreitende Schwingung, sie schwingt gleichzeitig in Zeit und Raum. Auch für Wellen gibt es Beispiele aus dem täglichen Leben: Sie breiten sich an der Oberfläche von Gewässern aus, es gibt die unsichtbaren Radiowellen – und natürlich die Schallwellen, die wir mit unseren Ohren empfangen können. Das gleichzeitige Schwingen in Zeit und Raum können wir uns veranschaulichen, wenn wir zunächst einen bestimmten Punkt auf einer Wasseroberfläche beobachten. An diesem Ort hebt und senkt sich der Wasserspiegel regelmäßig, während sich die Wellen ausbreiten – er schwingt also in der Zeit. Wenn wir dagegen eine Momentaufnahme einer Reihe von Wasserwellen betrachten – als ob das Wasser gefroren wäre – und in Gedanken über die gewellte Oberfläche fahren, so stellen wir ebenfalls eine Auf- und Ab-Bewegung fest, es handelt sich daher auch um eine Schwingung im Raum.

Um Schwingungen und Wellen quantitativ zu beschreiben, können wir an dieser Stelle zwei Größen einführen, die FREQUENZ f und die WELLENLÄNGE λ. Die Frequenz ist die Anzahl der Schwingungen pro Sekunde, ihre Einheit 1/s heißt auch Hertz (Hz), und die Wellenlänge ist die Strecke, die eine Welle in der Dauer einer Schwingung zurücklegt. Die Größen f und λ sind über die Ausbreitungsgeschwindigkeit c einer Welle miteinander verknüpft; es gilt:

$$f = c/\lambda \text{ oder } \lambda = c/f.$$

In der Musik hat man es mit Frequenzen zwischen etwa 20 Hz und etwa 15.000 Hz zu tun; dies ist der HÖRBEREICH eines normalen menschlichen Ohrs. Schallwellen pflanzen sich in der Luft mit einer Geschwindigkeit von ungefähr 340 m/s fort – der genaue Wert hängt von der Lufttemperatur und dem LUFTDRUCK ab. Demnach liegen die Wellenlängen von hörbarem Schall zwischen etwa 17 m bei den tiefsten Tönen und etwa 23 mm an der oberen Hörgrenze. Beim international vereinbarten Kammerton **a¹**, entsprechend 440 Hz, beträgt die Wellenlänge etwa 0,773 m.

Als Basis für das Verständnis der Tonerzeugung in Musikinstrumenten soll nun ein Gedankenmodell betrachtet werden, dessen Verhalten mit verhältnismäßig einfachen mathematischen Mitteln berechnet werden kann. Das Ergebnis der folgenden Rechnungen hilft dann, auch Schwingungen von komplizierteren Anordnungen zu verstehen. Unser Modell ist das einfachste denkbare schwingungsfähige System, der sogenannte HARMONISCHE OSZILLATOR. Er besteht aus einem starren Körper mit der Masse m[(1)], der an einem Ende an einer idealen Feder befestigt ist, deren anderes Ende an einem festen Punkt verankert ist (siehe Abb. 1).

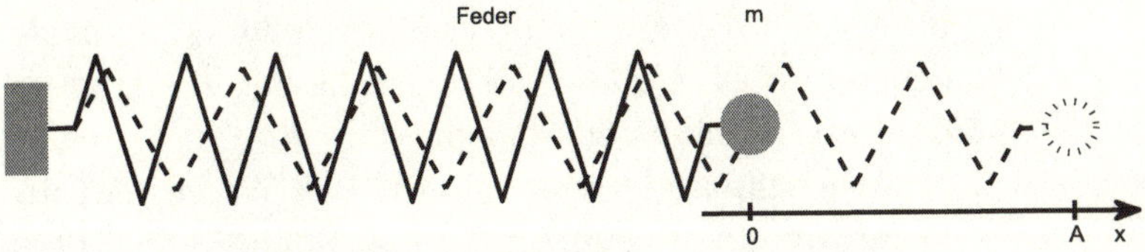

Abb. 1 Der harmonische Oszillator

Der Körper soll sich reibungsfrei nur entlang einer geraden Linie bewegen können, so dass die Feder entweder gedehnt oder gestaucht wird. Wenn die Feder weder gedehnt oder gestaucht ist, übt sie auf den Körper keine Kraft aus. In diesem Zustand befindet sich der Körper in seiner Ruhelage. Wenn der Körper nach rechts oder links bewegt wird, wird auch die Feder gedehnt beziehungsweise gestaucht. Dann übt sie auf den Körper eine KRAFT aus, die den Körper wieder zurück in die Ruhelage bringen möchte. Diese Kraft ist nach links gerichtet, wenn der Körper nach rechts bewegt wurde, und nach rechts, wenn er nach links bewegt worden ist. Die Größe dieser Kraft ist bei einer idealen Feder proportional zur sogenannten Auslenkung, der Strecke, um die sie gedehnt oder gestaucht worden ist. Proportional heißt zum Beispiel, dass bei doppelter beziehungsweise dreifacher Auslenkung auch die Kraft doppelt beziehungsweise dreimal so groß ist. Weiterhin hat die ideale Feder keine Masse, sie ist masselos.

An den Vokabeln ideal, reibungsfrei, masselos zeigt sich, dass es sich um ein Gedankenmodell handelt, das im strengen Sinn gar nicht realisiert werden kann; es dient nur dazu, einen Vorgang mathematisch einfach beschreiben zu können. Natürlich lässt sich etwa eine reale Feder keineswegs beliebig weit dehnen, sie wird in Wirklichkeit bei einer bestimmten Dehnung reißen. Ebenso kann es keine Feder ohne Masse geben, und eine völlig reibungsfreie Bewegung ist in der Praxis auch nicht möglich.

Wie schwingt diese Anordnung? Wenn man die Feder um einen gewissen Betrag A dehnt – in Abb. 1 gestrichelt gezeichnet – und dann plötzlich loslässt, zieht sie den Körper zurück in Richtung Ruhelage. Dort kommt dieser aber nicht zur Ruhe, sondern schießt über diesen Punkt hinaus und spannt die Feder in entgegengesetzter Richtung. Dadurch wird der Körper wieder abgebremst, so dass er bei der gleichen Auslenkung, aber in der anderen Richtung zur Ruhe kommt. Von diesem Zeitpunkt an läuft der Vorgang in umgekehrter Richtung ab, bis der Zustand erreicht ist, wie er beim Loslassen der Feder vorlag. Hier beginnt die Hin- und Her-Bewegung wieder von vorne. Die Bewegung des Körpers lässt sich also mit Worten anschaulich nachvollziehen, man kann sie aber auch mit Hilfe von Formeln quantitativ berechnen. Auf diese Weise gelangt man zu einem „Verstehen" in physikalischem Sinn.

Das Ziel der folgenden Rechnungen ist es, die Frage zu beantworten, an welchem Ort sich der Körper zu einer gegebenen Zeit befindet, während die Anordnung schwingt. Dazu führen wir zunächst eine Koordinate x in der Bewegungsrichtung der Masse m ein, wobei der Ursprung $x = 0$ an den Punkt gelegt wird, an dem die Feder entspannt ist, also an der sogenannten Ruhelage der Masse. Die Größe x bezeichnet dann die Auslenkung, die momentane Position der Masse m. Wenn x positiv ist, befindet sich die Masse rechts von der Ruhelage, umgekehrt bei negativem x links davon.

Die Kraft der Feder können wir uns wie einen Pfeil vorstellen, eine nach links gerichtete Kraft wirkt in negativer Richtung, nach rechts zählt sie positiv. Wenn wir nun fordern, dass die Kraft F der Feder proportional zur Auslenkung x und außerdem linksgerichtet für positives x sein soll, so können wir das mit dem folgenden Ansatz erreichen:

$$F = -k \cdot x.$$

In dieser Gleichung tritt eine konstante Größe k auf, die sogenannte Federkonstante, die angibt, wie stark die Kraft F mit der Auslenkung x anwächst. Sie ist das Maß für die Stärke der Feder. Das Minuszeichen in unserem Ansatz bewirkt, dass F negativ (linksgerichtet) für positives x und positiv (rechtsgerichtet) für negatives x ist. Die Richtung der Kraft F ist also der Auslenkung x entgegengesetzt; die Feder ist bestrebt, in ihre Ruhelage zurückzukehren. Mit diesen Überlegungen haben wir einen mathematischen Ausdruck gewonnen, der die Größe und Richtung der Kraft in Abhängigkeit von der Position des Körpers in unserem Modellsystem beschreibt.

Im nächsten Schritt stellen wir eine Gleichung auf, die angibt, wie diese Kraft auf den Körper wirkt. Dazu benutzen wir eines der fundamentalen Naturgesetze, das Kraftgesetz von Newton (1643–1727). Es lautet in Worten: Kraft F gleich Masse m mal Beschleunigung b, als Formel $F = m \cdot b$.

Die BESCHLEUNIGUNG ist die Änderung der Geschwindigkeit pro Zeit t, und die GESCHWINDIGKEIT ist die Änderung des Orts pro Zeit. Den Ort haben wir in unserem Fall mit der Größe x bezeichnet; sie ist, mathematisch ausgedrückt, von der Zeit abhängig. Diese Abhängigkeit wird wiedergegeben durch die Schreibweise $x = x(t)$. Indem man von der Funktion x(t) die sogenannte ABLEITUNG nach der Zeit bildet, gewinnt man aus der Größe für den Ort die Größe für die Geschwindigkeit. Diese bezeichnen wir hier mit $x'(t)$. Wenn man diese neue Funktion wiederum nach der Zeit ableitet, erhält man die Beschleunigung $b = x''(t)$, abgekürzt x''. Die zwei hochgesetzten Striche deuten an, dass wir zweimal abgeleitet haben. Damit ergibt sich für die Kraft F:

$$F = m \cdot b = m \cdot x''.$$

Da es sich bei den beiden Ausdrücken für F ($-k \cdot x$ und $m \cdot x''$) um die gleiche Kraft handelt, gilt $m \cdot x'' = -k \cdot x$. Wenn man diese Gleichung nach der Beschleunigung x'' auflöst, so erhält man eine sogenannte DIFFERENTIALGLEICHUNG:

$$x'' = -(k/m) \cdot x.$$

Das Rezept zum Auffinden der Antwort auf die Frage „Wo ist der Körper wann?“ besteht nun darin, dass man eine oder mehrere Lösung(en) dieser Differentialgleichung sucht. Es wird also eine Funktion $x(t)$ für die Position der Masse m in Abhängigkeit von der Zeit t gesucht, deren zweite Ableitung nach t bis auf das negative Vorzeichen und den Faktor k/m wieder die gleiche Funktion ergibt. Da es kein universell anwendbares Verfahren zur Lösung von Differentialgleichungen gibt, darf man raten und probieren. Die einfachste Lösung lautet $x(t) = 0$, dann ist auch $x'' = 0$. Diese Lösung stellt auch einen möglichen Zustand des Oszillators dar, denn es ist ja auch möglich, das unser

System unabhängig von der Zeit immer in Ruhe bleibt. Auf eine nützlichere Lösung kommt man, wenn man sich an die SINUSFUNKTION sin α erinnert. Ihre erste Ableitung ist cos α, und die zweite $-\sin\alpha$, also bis auf das geänderte Vorzeichen die Ausgangsfunktion. Das kommt unserem Ziel schon näher, es fehlt nur der Faktor k/m. Wenn man in der Sinusfunktion $\sin(t)$ einen Faktor ω einfügt, also $x(t) = \sin(\omega t)$ schreibt, dann tritt dieser Faktor bei jeder Ableitung vor die Sinus- beziehungsweise Kosinusfunktion. Damit erhält man:

$$x'(t) = \omega \cdot \cos(\omega t) \text{ und } x''(t) = -\omega^2 \cdot \sin(\omega t) = -\omega^2 \cdot x(t).$$

Die Gleichung wird ebenso gelöst, wenn ein konstanter Faktor A vor die Sinusfunktion gesetzt wird. Insgesamt ergibt sich als Lösung(2):

$$x(t) = A \cdot \sin(\omega t) \text{ mit } \omega^2 = k/m \text{ bzw. } \omega = \sqrt{(k/m)}.$$

Der Sinus bezieht sich nach seiner Definition im rechtwinkligen Dreieck auf einen Winkel, den man in Grad (90° ist beispielsweise ein rechter Winkel) oder im sogenannten BOGENMASS angeben kann. Das Bogenmaß ist durch das Verhältnis der Länge eines Kreisbogens zum Radius dieses Kreises gegeben, also bei einem vollen Kreis entsprechend 360° durch $2\pi r/r = 2\pi$. Die Sinusfunktion durchläuft eine PERIODE, wenn der Winkel einen vollen Kreis beschreibt. Dann ändert sich ωt um 2π, die Schwingungsdauer T beträgt daher $2\pi/\omega$ und die Frequenz $f = 1/T = \omega/(2\pi)$. Die Größe $\omega = 2\pi f$ bezeichnet man als KREISFREQUENZ. Der Oszillator schwingt also mit der Frequenz:

$$f = 1/(2\pi) \cdot \sqrt{(k/m)}.$$

Er schwingt umso schneller, je größer k und je kleiner m ist. Da die Sinusfunktion nur Werte zwischen +1 und −1 annehmen kann, gibt die Größe A, die sogenannte AMPLITUDE, die maximale Auslenkung in positiver und negativer Richtung an. Bemerkenswert an diesem Ergebnis ist, dass die Frequenz nicht von der Amplitude A abhängt. Glücklicherweise zeigen unsere Musikinstrumente das gleiche Verhalten: Ihre Tonhöhe verändert sich praktisch nicht, wenn sie leiser oder lauter gespielt werden. Anderenfalls, wenn also ihr Ton beim Wechsel von piano zu forte stark ansteigen oder absinken würde, wäre das Musizieren sehr erschwert.

Die Bewegung des Körpers entlang der Ortskoordinate x als Funktion der Zeit t ist in der folgenden Abbildung 2 dargestellt, wobei die Zeit in Einheiten von $\omega t/\pi$ aufgetragen ist; $\omega t/\pi = 2$ entspricht einer vollen Periode der Schwingung.

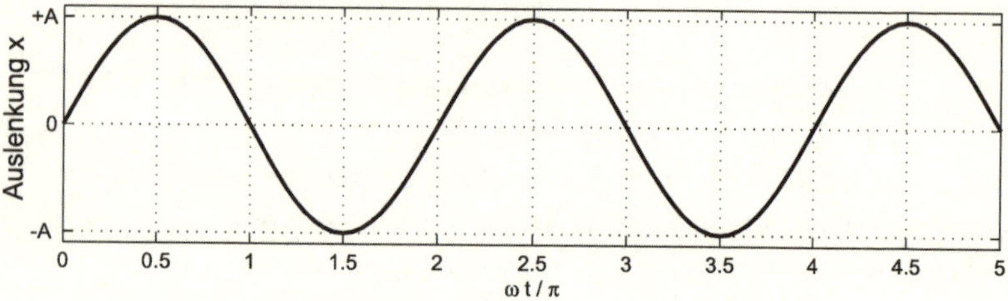

Abb. 2 Bewegung des harmonischen Oszillators

Hier ist die Zeitskala so gewählt, dass der Körper zur Zeit $t = 0$ sich gerade am Ort der Ruhelage $x = 0$ befindet. Von diesem Punkt bewegt sich der Körper zunächst in positiver Richtung. Bei $\omega t/\pi = 0.5$, das heißt $t = \pi/(2\omega)$ erreicht er die maximale Auslenkung $x = A$, bei $\omega t/\pi = 1$ beziehungsweise $t = \pi/\omega$) ist wieder $x = 0$, bei $\omega t/\pi = 1.5$ oder $t = 3\pi/(2\omega)$ liegt die maximale

Auslenkung in negativer Richtung ($x = -A$) vor, und bei $\omega t/\pi = 2$ bzw. $t = 2\pi/\omega$ ist eine Periode der Sinusfunktion beendet. Der Körper erreicht seine maximale Geschwindigkeit an den Stellen, wo die Kurve die horizontale Achse schneidet, dort ist die Steigung der Kurve am größten. An den Stellen maximaler Auslenkung $x = A$ beziehungsweise $x = -A$ ist seine Geschwindigkeit Null, dort hat die Kurve eine horizontale Tangente. Eine Bewegung dieser Art, also entsprechend einer Sinusfunktion, entsteht auch, wenn man eine gleichförmige Kreisbewegung auf eine in der Kreisebene liegende Linie parallel projiziert. Diese Bewegung heißt in der Physik auch harmonische Bewegung, und das eben beschriebene Modellsystem wird darum als harmonischer Oszillator bezeichnet.

Obwohl die Formel für die Frequenz eines harmonischen Oszillators nur ein abstraktes Modell beschreibt, lassen sich in musikalischer Hinsicht aus ihr einige grundlegende Erkenntnisse gewinnen.

So lässt sich ausrechnen, wie stark eine Feder sein muss, um eine gegebene Masse mit einer bestimmten Frequenz schwingen zu lassen. Wenn man die Formel $f = 1/(2\pi) \cdot \sqrt{(k/m)}$ nach k auflöst, erhält man:

$$k = m \cdot (2\pi f)^2.$$

Um eine Masse von 1 g mit der Frequenz 440 Hz schwingen zu lassen (entsprechend dem KAMMERTON), muss k den Wert[(3)] 7,643 N/mm annehmen. Diese Kraft pro Millimeter entspricht ungefähr dem Gewicht einer Masse von 780 g. Es würde sich also um eine ziemlich steife Feder handeln, die aber selber keine Masse haben darf – eine nicht erfüllbare Forderung.

Doch bei vielen realen Anordnungen ergeben sich sehr ähnliche Formeln. So gilt für Saiteninstrumente: Je straffer eine Saite gespannt wird – das entspricht einem größeren Wert für k –, desto höher wird der Ton, und er wird desto tiefer, je schwerer die Saite ist – das entspricht einer größeren Masse. Dabei fallen beide Funktionen in eins, die Saite ist Masse und Feder zugleich, trotzdem ist die Tonhöhe in gleicher Weise von beiden Größen abhängig (siehe auch Kapitel 4).

Es gibt jedoch auch Anordnungen, bei denen sich die Formel direkt anwenden lässt. Man kann beispielsweise mit ihrer Hilfe jedenfalls näherungsweise berechnen, welchen Ton eine Flasche abgibt, wenn man sie anbläst. Dabei wird die im Bauch der Flasche eingeschlossene Luft wie eine Feder komprimiert und wieder entspannt. Das verhältnismäßig kleine Luftvolumen im Flaschenhals wird hin und her bewegt und wirkt als Masse. Diese Idee geht auf Helmholtz (1821–1894) zurück, den Vater der musikalischen Akustik. Die Formel für die Frequenz einer Flasche mit dem Bauchvolumen V, dem Halsquerschnitt A und der Halslänge L soll hier nicht abgeleitet werden, sie lautet:

$$f = (c_S/2\pi) \cdot \sqrt{[A/(VL)]},$$

wobei c_S die SCHALLGESCHWINDIGKEIT ist. Die Ähnlichkeit mit der entsprechenden Formel für den harmonischen Oszillator ist nicht schwer zu erkennen: an die Stelle des Faktors $1/2\pi$ tritt der ebenfalls konstante Faktor $c_S/2\pi$, und unter dem Wurzelzeichen steht $A/(VL)$ statt k/m. Die Ähnlichkeit wird plausibel, wenn man m durch L und k durch A/V ersetzt: Die bewegte Luftmasse wächst mit L an, und je größer das Volumen, desto weicher wird die Luftfeder, ihre Konstante k wird kleiner. Der Halsquerschnitt A beeinflusst die Frequenz auf zwei Weisen: Einerseits vergrößert A die Masse m (das erniedrigt die Frequenz), andererseits vergrößert A auch k (das erhöht die Frequenz), weil bei einer größeren Querschnittsfläche die Luft in V stärker komprimiert beziehungsweise verdünnt wird. Die Berechnung der Formel ergibt aber, dass der zweite Effekt überwiegt, so dass A hier im Zähler des Bruchs steht. Dies mag ein Zahlenbeispiel verdeutlichen:

Eine Flasche mit $V = 0{,}77$ l, $A = 2{,}545\ \text{cm}^2$ und $L = 8{,}0$ cm ergibt beim Anblasen einen Ton etwas tiefer als **Gis** mit der Frequenz von 103,2 Hz. Mit der oben angegebenen Formel und einem Wert für die Schallgeschwindigkeit c_S bei 20° C von 343 m/s errechnet man eine Frequenz von etwa 111 Hz. Das entspricht einem Ton etwas höher als **A** (110 Hz). Die Modellvorstellung „harmonischer Oszillator" stimmt also nur ungefähr, jedenfalls nicht genau genug für die Anforderungen der Musik. Mit einer plausiblen Ergänzung kann das Modell aber so weit verbessert werden, dass es mit der Realität recht gut übereinstimmt.

Die Luft wird sich ja nicht nur im Flaschenhals bewegen, sondern auch in zwei kleinen Bereichen an dessen beiden Enden. Das kann man in der Berechnung der Frequenz berücksichtigen, indem man sich den Hals an beiden Enden jeweils um etwa das 0,7-fache seines Radius verlängert vorstellt. Man kann in der obigen Formel daher die Länge L durch $L + 1{,}4 \cdot a$ (a ist der Radius des Halses) ersetzen. In unserem Beispiel ist $a = 0{,}9$ cm und damit $L + 1{,}4 \cdot a = 9{,}26$ cm. Mit dieser Korrektur ergibt die Formel eine Frequenz von 103,1 Hz, die dem wirklichen Wert schon sehr nahe kommt.

Der hier behandelte harmonische Oszillator stellt in Bezug auf das bewegte Teil ein nulldimensionales Objekt dar, denn der an der Feder befestigte Körper mit der Masse m kann theoretisch beliebig verkleinert werden – er wird dann zu einem sogenannten Massenpunkt –, ohne dass sich an der Funktion des Oszillators etwas ändert. Vielleicht ist es intuitiv verständlich, dass diese einfache idealisierte Anordnung auch ein besonders einfaches Schwingungsverhalten zeigt. Sie schwingt mit nur einer Frequenz, und nur die Amplitude und der Startzeitpunkt sind frei wählbar. In den folgenden Kapiteln wird gezeigt, wie mit steigender Anzahl der Dimensionen auch das Schwingungsverhalten komplizierter wird.

*

Zusammengefasst lässt sich festhalten, dass die einfachste denkbare schwingungsfähige Anordnung aus einem Gegenstand besteht, der über eine Feder mit einem festen Punkt verbunden ist, und der sich nur entlang einer geraden Linie bewegen kann, so dass die Feder entweder gedehnt oder gestaucht wird. Die physikalische Betrachtung dieser Anordnung ergibt, dass der Gegenstand mit einer bestimmten Frequenz hin und her schwingen kann. Diese Frequenz ist – unabhängig davon, wie weit der Gegenstand schwingt – umso höher, je steifer die Feder ist, und umso tiefer, je schwerer der Gegenstand ist. Ein ähnliches Verhalten findet man auch bei den Musikinstrumenten, wobei nicht immer leicht zu erkennen ist, welcher Teil die Rolle der Masse beziehungsweise Feder spielt.

4. Gestrichen, gezupft oder geschlagen: schwingende Saiten

Zur Einführung in die Physik der Saiteninstrumente betrachten wir als erstes Beispiel eines eindimensionalen Gegenstandes zunächst eine beliebig dünne gespannte Saite. Bei ihr handelt es sich ebenfalls, wie beim harmonischen Oszillator (vgl. Kapitel 3), um eine Idealisierung, denn reale Saiten weisen natürlich eine gewisse Dicke auf. Ihr Verhalten lässt sich also nur annähernd beschreiben, doch sind die Ergebnisse für die praktischen Anforderungen hinreichend genau. Zuletzt gehen wir auch auf die Frage ein, wie sich die endliche Dicke auf den KLANG und die Tonhöhe auswirkt.

Eine gespannte Saite kann im Prinzip in allen drei Raumdimensionen schwingen. Wenn die Saite parallel zu einer x-Achse gedacht wird, bezeichnet man Schwingungen in dieser x-Richtung als LONGITUDINAL, das heißt in Richtung der Länge. Diese Schwingungen spielen in der Musik für Saiteninstrumente fast keine Rolle(4) und werden deshalb hier nicht betrachtet. Die Schwingungen in den beiden anderen Raumrichtungen y und z heißen TRANSVERSAL, d. h. quer zur Längenausdehnung. Es genügt, wenn man sich auf eine davon konzentriert: im Folgenden ist die y-Richtung gewählt. Ein Punkt der Saite am Ort x ist zum Zeitpunkt t um die Größe $y(x,t)$ ausgelenkt. Die Auslenkung hängt also sowohl vom Ort x als auch von der Zeit t ab. Für eine beliebig lange in x-Richtung gespannte Saite, die in der y-Richtung schwingt, gilt die sogenannte WELLENGLEICHUNG:

$$\partial^2 y/\partial t^2 = c^2 \cdot \partial^2 y/\partial x^2.$$

Diese Gleichung ist eine sogenannte PARTIELLE DIFFERENTIALGLEICHUNG, weil in ihr $y(x,t)$ nach beiden Variablen differenziert wird. Die Größe c ist die Ausbreitungsgeschwindigkeit der Welle. Sie hängt mit der Spannung S der Saite (das ist die Kraft, mit der die Saite gespannt ist) und ihrer Masse pro Länge μ zusammen, es gilt $c^2 = S/\mu$. Erstaunlicherweise kann man ohne Rechnung eine ganz allgemeine Lösung der Wellengleichung angeben, sie lautet:

$$y(x,t) = f_1(ct-x) + f_2(ct+x).$$

Dabei sind f_1 und f_2 ganz beliebige Funktionen. Es kommt lediglich darauf an, dass diese Funktionen nur von $ct-x$ beziehungsweise $ct+x$ abhängen. Konkret bedeutet dies, dass sich eine beliebig geformte Auslenkung der Saite (f_1) mit der Geschwindigkeit c in positiver x-Richtung und eine ebenfalls beliebige Auslenkung (f_2) in negativer x-Richtung ausbreitet. Abbildung 3 zeigt als Beispiel eine nach rechts laufende Welle.

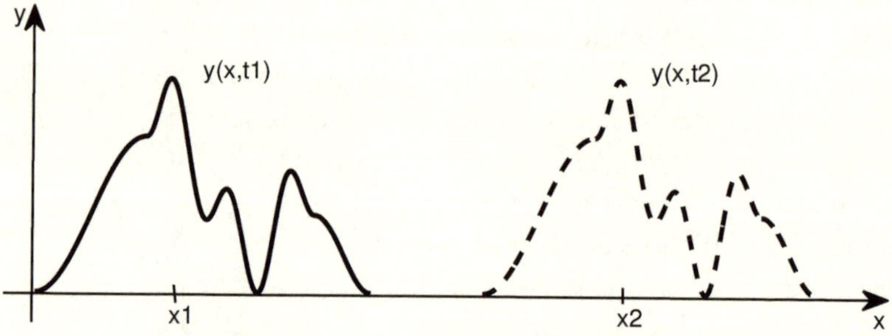

Abb. 3 Nach rechts laufende Welle

Zum Zeitpunkt t_1 liegt das MAXIMUM der Welle am Punkt x_1, zum späteren Zeitpunkt t_2 hat sich das Maximum mit der Geschwindigkeit c nach x_2 verschoben.

Bei unseren Musikinstrumenten liegen nun keine beliebig langen Saiten vor, sondern eine Saite ist zwischen zwei Punkten mit dem Abstand L gespannt. Diese Punkte stelle man sich zunächst als völlig fest vor, selbst, wenn dies bei einem realen Musikinstrument nicht der Fall ist. Wenn wir den Anfang der Saite an den Punkt $x = 0$ legen, dann liegt ihr Ende bei $x = L$. Weil diese beiden Punkte als fest angenommen sind, ist $y(0,t) = 0$ und $y(L,t) = 0$. Dadurch ist die Bewegungsmöglichkeit der Saite stark eingeschränkt. Eine nach links laufende Welle wird am linken Ende reflektiert, eine nach rechts laufende Welle am rechten Ende. Insgesamt entsteht durch Überlagerung der hin- und herlaufenden Wellen eine sogenannte stehende Welle, das heißt eine feststehende Schwingungsform, in der Fachsprache auch als MODUS bezeichnet. Trotz dieser Einschränkung durch festgehaltene Endpunkte gibt es immer noch unendlich viele mögliche Wellenformen einer Saite.

Sie lassen sich jedoch übersichtlich darstellen. Die drei ersten Möglichkeiten sind in Abbildung 4 wiedergegeben. Zunächst kann sich ein SCHWINGUNGSBAUCH ergeben, der wie die Hälfte einer Sinusfunktion geformt ist. Die Saite schwingt zwischen den beiden extremen Auslenkungen 1 und 1' hin und her. Bei der zweiten Form, dargestellt mit den Kurven 2 und 2', bildet sich in der Mitte zwischen den Endpunkten der Saite ein SCHWINGUNGSKNOTEN, das heißt ein Punkt, der sich nicht bewegt, und links und rechts davon entstehen zwei „Bäuche". Die dritte mögliche Wellenform (Kurven 3 und 3') weist zwei Knoten im

Abstand von je einem Drittel der Gesamtlänge L auf, und zwischen ihnen und den beiden Endpunkten entstehen drei Bäuche. Die weiteren Lösungen teilen die Saite in immer mehr von Knotenpunkten begrenzte Abschnitte auf, die jeweils einen Bauch bilden.

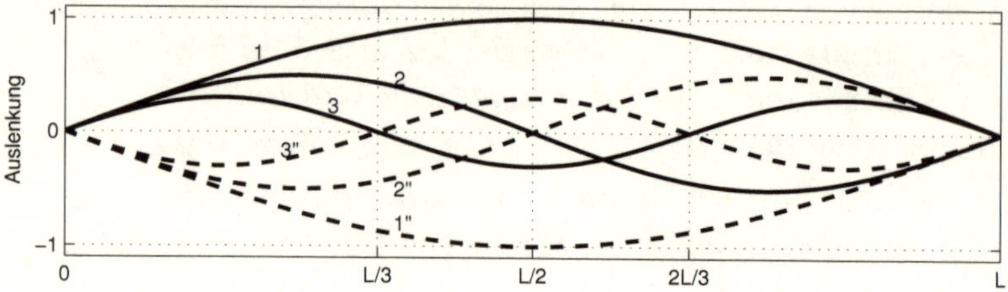

Abb. 4 Schwingungsformen einer Saite

Für die zu der ersten Lösung gehörigen Schwingungsfrequenz ergibt sich:

$$f_1 = c/(2L) = 1/(2L) \cdot \sqrt{(S/\mu)},$$

und für die weiteren:

$$f_2 = 2f_1; f_3 = 3f_1; f_4 = 4f_1 \text{ und so weiter,}$$

also $f_n = n \cdot c/(2L) = n/(2L) \cdot \sqrt{(S/\mu)}$ mit $n = 1, 2, 3$ und so weiter. In der Musik sind die Verhältnisse dieser Frequenzen als NATURTONREIHE(5) bekannt.

Ist zum Beispiel die niedrigste Frequenz $f_1 = 66$ Hz, entsprechend dem großen **C**, so betragen die weiteren Frequenzen 132 Hz, 198 Hz, 264 Hz, 330 Hz, 396 Hz, 462 Hz, 528 Hz und so weiter, also die ganzzahligen Vielfachen von 66 Hz. Abbildung 5 zeigt die den Frequenzen f_1 bis f_{16} entsprechenden Töne, sie bilden den Anfang der Naturtonreihe, die sich theoretisch beliebig weit fortsetzen ließe.

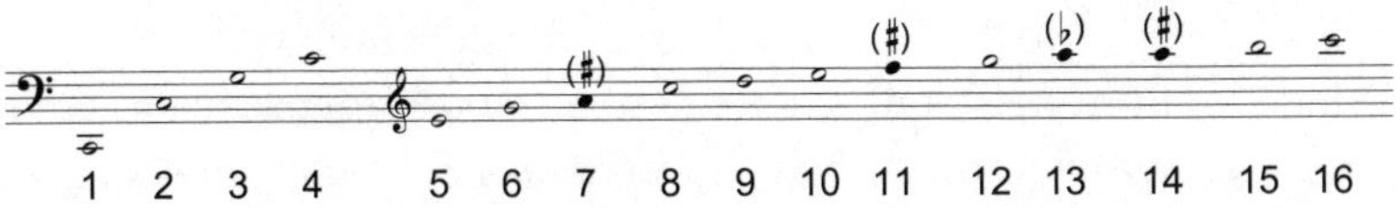

Abb. 5 Die Naturtonreihe

Die Töne mit f_7, f_{11}, f_{13} und f_{14} gehören nicht zu unserem Tonsystem; sie liegen jeweils zwischen zwei Stufen der halbtönigen Skala. Die sogenannte reine Stimmung beruht auf Frequenzverhältnissen, die sich mit den Zahlen 2, 3 und 5 und daraus gebildeten Produkten und Brüchen darstellen lassen, also zum Beispiel $4 = 2 \cdot 2$, $6 = 2 \cdot 3$, $3/2$, $4/3$. Die Primzahlen von 7 an und ihre Vielfachen – im Bereich bis 16 also die Zahlen 7, 11, 13 und $14 = 2 \cdot 7$ –, sind hier „unerlaubte" Zahlen, weil sie Töne bilden, die nicht in das System passen. Sie werden hier mit schwarzen Noten dargestellt.

Auf solche Weise kann die Saite theoretisch immer weiter geteilt werden, so dass sie immer höhere Töne erzeugt. In der Praxis allerdings schwingt eine Saite in vielen dieser Schwingungsformen („Modi") gleichzeitig, wobei der tiefste Ton f_1, der GRUNDTON, in der Regel die größte Auslenkung zeigt. Die höheren Frequenzen f_2, f_3 usw. – die sogenannten Obertöne – schwingen umso weniger weit, je höher sie sind.

Spieler von Saiteninstrumenten kennen die FLAGEOLETTTÖNE, die mindestens eine Oktave höher als der Ton der leeren Saite sind. Solche Töne lassen sich erzeugen, indem man die Saite mit einem Finger an bestimmten Punkten leicht berührt. Wenn man die Positionen der Flageoletttöne ausmisst, wird man feststellen, dass sie sich jeweils an einem der Knotenpunkte des entsprechenden Obertons befinden. Denn durch das Berühren mit dem Finger schwingt die Saite nur noch in jenen Schwingungsformen, die an diesem Punkt einen Knoten haben. Ihre Frequenzen sind dann ganzzahlige Vielfache des Flageoletttons, der so zum neuen Grundton wird.

*

Die einfachste Theorie der Schwingung einer Saite ergibt also, dass es eine niedrigste Schwingungsfrequenz f_1 gibt, die von der Länge L, der Spannung S und der längenbezogenen Masse μ der Saite folgendermaßen abhängt:

$$f_1 = 1/(2L) \cdot \sqrt{(S/\mu)}.$$

Man erkennt leicht die Ähnlichkeit mit der Formel für die Frequenz des harmonischen Oszillators ($f = 1/(2\pi) \cdot \sqrt{(k/m)}$). Die Spannung S entspricht der Federkonstante k, und die Masse pro Länge μ der Masse m. Allerdings sind bei der Saite Feder und Masse nicht voneinander zu trennen: Die Saite ist überall gleichzeitig elastisch wie eine Feder und träge wie eine Masse.

Aus dieser Formel kann man für die Praxis eines Saiteninstruments entnehmen, dass es im Prinzip drei Möglichkeiten gibt, die Frequenz – also die Tonhöhe – zu verändern: Will man zum Beispiel die nächsthöhere Oktave erreichen, das heißt die Frequenz verdoppeln, kann man entweder die Länge L halbieren, oder die Spannung S vervierfachen, oder die Masse pro Länge μ auf ein Viertel reduzieren.

So kann man zum Beispiel auch die Spannung einer Saite berechnen, die notwendig ist, um einen bestimmten Ton zu erzeugen. Aufgelöst nach der Spannung S ergibt sich:

$$S = 4\mu L^2 \cdot (f_1)^2.$$

Hierzu ein Beispiel in Zahlen: eine Saite aus Stahl mit einem Durchmesser von 1 mm hat eine Masse pro Länge von etwa 6,2 g/m. Wenn sie bei einer Länge von 0,8 m den Ton **c¹** von 264 Hz abgeben soll, muss die Spannung ungefähr 1100 N betragen, das entspricht dem Gewicht einer Masse von etwa 112 kg. Es handelt sich also um eine relativ große Kraft, die die Saite auf ihre Befestigungspunkte ausübt. Wenn man diese Rechnung für alle Saiten eines Konzertflügels ausführt und die erhaltenen Kräfte addiert, ergibt sich eine Gesamtkraft entsprechend einem Gewicht von über 20 Tonnen. Aus diesem Grund muss der Rahmen, an dem die Saiten befestigt sind, sehr stabil ausgeführt sein.

Mit einem Musikinstrument werden in aller Regel verschiedene Töne gleichzeitig oder nacheinander erzeugt. Auf Saiteninstrumenten ist entweder für jeden Ton eine eigene Saite vorgesehen, die – wie etwa beim Klavier – angeschlagen oder – wie bei der Harfe – gezupft wird. Man kann aber auch die Länge einer Saite verkürzen, beispielsweise durch das Niederdrücken der Saite auf das Griffbrett wie etwa bei den Streichinstrumenten. Einige Instrumente kombinieren beide Methoden, wie die Theorbe, die außer den gegriffenen Spielsaiten auch frei schwingende Bordunsaiten aufweist.

Wurde oben das ideale Schwingungsverhalten einer Saite beschrieben, soll im Folgenden gezeigt werden, in welchen Punkten sich das Verhalten einer realen Saite davon unterscheidet:

(a) Bei den Saiteninstrumenten wird die Saite primär nicht über ihre gesamte Länge in Bewegung versetzt, sie wird normalerweise an einem bestimmten

Punkt – genauer gesagt auf einem sehr kurzen Stück – gestrichen, gezupft oder angeschlagen. Das bewirkt eine Auslenkung in einer Dreieckform. Die Spitze dieses Dreiecks bewegt sich danach entlang der Saite, wobei sie an den Endpunkten jeweils umkehrt und die Richtung der Auslenkung wechselt. Im Fall der Grundschwingung folgt sie dabei insgesamt der in Abbildung 6 punktiert gezeichneten sinusförmigen Kurve, die der in Abbildung 4, Nr. 1 gezeigten Schwingungsform entspricht. Durch die fast punktförmige Anregung werden Oberschwingungen unterdrückt, die an dem Punkt der Anregung einen Knoten aufweisen. Bei den Saiteninstrumenten kann man auf diese Weise durch Wahl einer bestimmten Stelle, an der die Saite gestrichen, gezupft oder angeschlagen wird, die Klangfarbe beeinflussen.

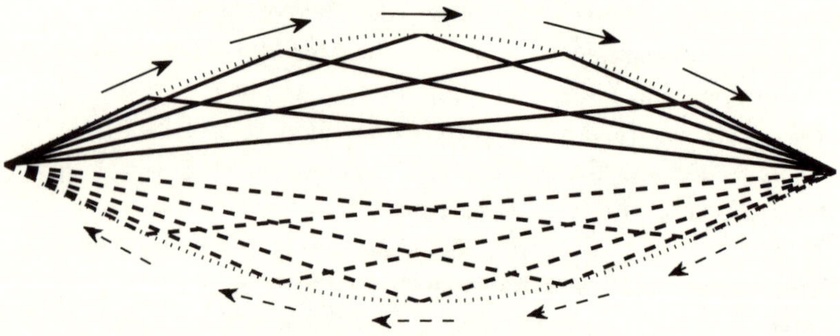

Abb. 6 Reale Bewegung einer Saite

(b) Wenn man eine Saite auslenkt, wird sie nicht nur gedehnt, sondern auch verbogen. Da eine reale Saite nicht beliebig dünn ist, setzt sie auch der Verbiegung Widerstand entgegen. Je dicker und damit zugleich steifer die Saite ist, desto größer wird der Einfluss dieser zusätzlichen Kraft. Insgesamt werden die Frequenzen aller Schwingungsformen durch diesen Effekt erhöht, und zwar umso mehr, je höher der entsprechende Oberton ist. Die Frequenzen f_2, f_3, f_4 usw. sind daher nicht mehr genau das Doppelte, Dreifache, Vierfache der Grundfrequenz f_1, sondern zunehmend erhöht.

(c) Bei der hier vorgestellten Bewegung einer idealen Saite ist nicht berücksichtigt, dass eine reale Saite ihre Schwingung auch auf die umgebende Luft überträgt. Dabei wird die Saite durch eine Reibungskraft abgebremst, so dass sie nach einer gewissen Zeit zur Ruhe kommt. Dieser Vorgang, die sogenannte DÄMPFUNG einer Schwingung, wird in Kapitel 14 (S. 97FF.) behandelt.

(d) Es wurde außerdem vorausgesetzt, dass die Enden der Saite beliebig starr befestigt sind. Dies ist bei Musikinstrumenten nicht der Fall, bei den meisten ist es im Gegenteil wichtig, dass die Befestigungspunkte einen Teil der Bewegung auf einen anderen Teil des Instruments (Geigenkorpus, Resonanzboden) übertragen. Ohne diese Kopplung wäre das Instrument kaum hörbar, weil die dünne Saite die umgebende Luft nur ganz wenig in Schwingung versetzt. Auf die Vorgänge bei der Übertragung von Schwingungen von einem Körper auf einen anderen wird in Kapitel 15 (S. 102FF.) eingegangen.

5. Vom Tuten und Blasen: schwingende Luftsäulen

Nach den Saiteninstrumenten, den Chordophonen, kommen wir nun zu den Blasinstrumenten, den Aerophonen. Wie bei den Saiten handelt es sich bei Luftsäulen, die in engen Röhren eingeschlossen sind, um annähernd eindimensionale Objekte. Die Luft kann sich in diesem Fall im Wesentlichen nur entlang der Achse der Röhre bewegen, nicht aber quer dazu. Die Luftschwingungen in einer Röhre sind also Longitudinalschwingungen, während die Schwingungen einer Saite hauptsächlich transversal erfolgen. Dass die Luft in einer Röhre schwingen kann, lässt sich mit einem sehr einfachen Experiment nachweisen. Wenn man mit der Hand auf ein Ende einer beidseitig offenen Röhre (zum Beispiel das Verlängerungsrohr eines Staubsaugers) klopft, so wird ein schnell verklingender Ton hörbar. Untersucht man die Bewegung der Teilchen einer schwingenden Luftsäule in einer beidseitig offenen Röhre, so stellt man fest, dass sich die Teilchen an den beiden Enden heftig hin und her bewegen. Zur Mitte hin wird die Bewegung schwächer, und genau in der Mitte der Röhre bewegen sie sich überhaupt nicht, siehe Abbildung 7.

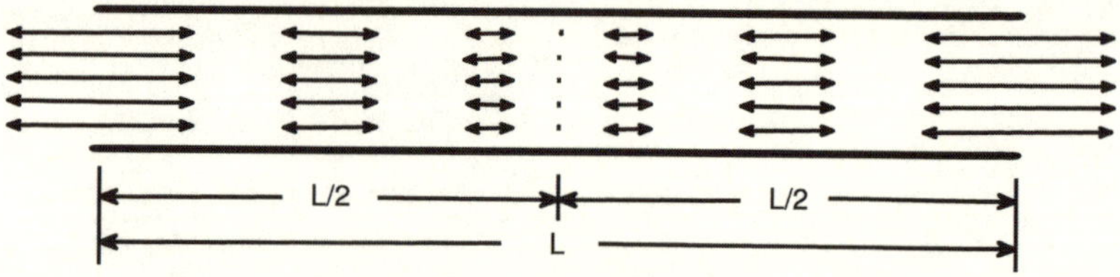

Abb. 7 Bewegung der Luftteilchen in einer Röhre

Trägt man die Amplitude der Bewegung über der Länge der Röhre auf, so erhält man das folgende Bild (Abb. 8):

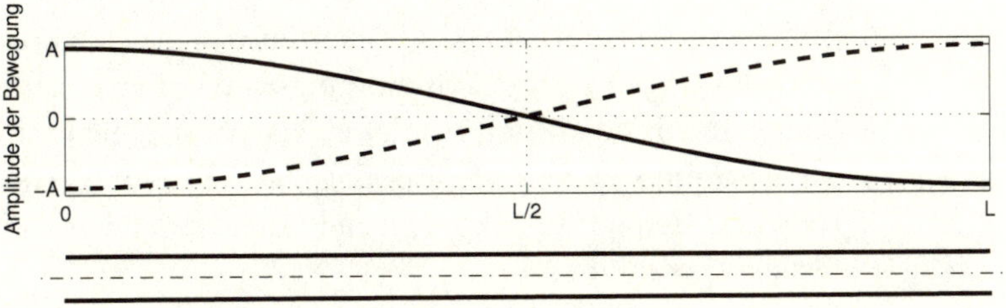

Abb. 8 Amplitude der Bewegung der Luftteilchen

Vergleicht man diesen Verlauf mit dem Bild einer schwingenden Saite (Abb. 4, S. 34), so stellt man fest, dass sich an den Enden der Röhre Schwingungsbäuche und in der Mitte ein SCHWINGUNGSKNOTEN befinden. Man kann den gleichen Sachverhalt auch auf eine andere Weise beschreiben, indem man nicht die Bewegung der Teilchen, sondern die Schwankungen des Luftdrucks betrachtet. An den offenen Enden ist der Druck in der Röhre gleich dem äußeren konstanten Luftdruck, jeder Druckunterschied würde sich sofort ausgleichen. In der Mitte der Röhre dagegen schwankt der Druck um den Mittelwert des äußeren Drucks. Dies ist in Abbildung 9 dargestellt:

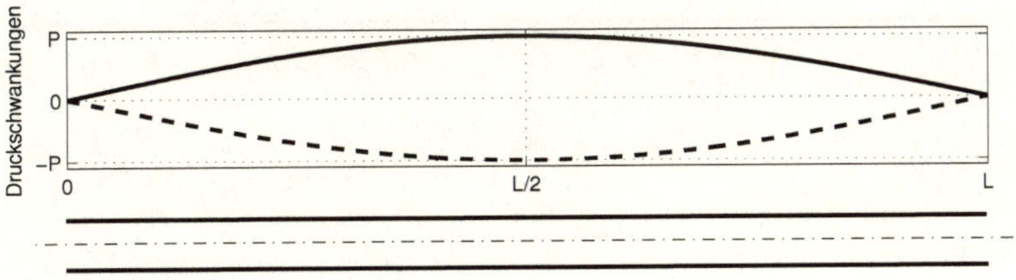

Abb. 9 Druckschwankungen in einer Röhre

Also entstehen an den Enden der Röhre jeweils ein Druckknoten und in der Mitte ein Druckbauch. Allgemein entspricht ein Druckknoten einem Schwingungsbauch und einem Druckbauch ein Schwingungsknoten. Abbildung 9 zeigt, dass die Verteilung der Druckschwankungen dem Schwingungsbild einer Saite ähnelt. Mithilfe dieser Analogie lassen sich Schwingungsformen einer Luftsäule leichter verstehen. Die folgende Betrachtung konzentriert sich daher auf die Druckschwankungen.

*

Die möglichen Schwingungsformen einer Luftsäule, die in einer beidseitig offenen, ZYLINDRISCHEN RÖHRE eingeschlossen ist, gleichen denen von schwingenden Saiten: Außer an den beiden Enden können sich ein oder mehrere weitere Druckknoten bilden, die die Luftsäule in zwei, drei, vier und mehr Abschnitte teilen. Man erhält also das in Abbildung 10 wiedergegebene Bild, das den Schwingungsformen einer Saite genau entspricht.

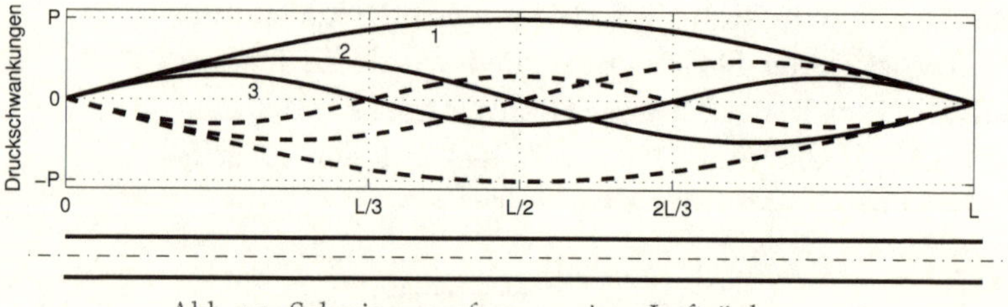

Abb. 10 Schwingungsformen einer Luftsäule in Druckdarstellung

Auch die Berechnung der Frequenzen möglicher Schwingungen einer Luftsäule ähnelt der einer schwingenden Saite. Auch hier gilt eine Wellengleichung, wie sie in Kapitel 4 vorgestellt wird (S. 31ff.). Die

Ausbreitungsgeschwindigkeit der Welle ist hier die Schallgeschwindigkeit c_S, die vom Luftdruck p und der DICHTE der Luft ρ abhängt. Es gilt $c_S = \sqrt{(1{,}4 \cdot p/\rho)}$. Für die niedrigste Frequenz f_1 einer beidseitig offenen Röhre mit der Länge L ergibt sich:

$$f_1 = c_S/(2 \cdot L).$$

Dies ist ganz analog zu der niedrigsten Frequenz einer gespannten Saite (siehe S. 34). Allgemein gilt ja $f = c_S/\lambda$, speziell für $f_1 = c_S/\lambda_1$. Daher kann man das Ergebnis auch anders ausdrücken: Die Länge L der Röhre beträgt gerade die Hälfte der zu der Frequenz f_1 gehörigen Wellenlänge λ_1. Die Frequenz und damit die Höhe des Grundtons lässt sich, anders als im Fall der der gespannten Saite, nur durch die Länge der Röhre verändern, jedenfalls, wenn man die Schallgeschwindigkeit als konstant ansieht. Theoretisch könnte der Spieler eines Blasinstruments diese verändern, indem er keine Luft, sondern ein anderes Gas in sein Instrument blasen würde, dies würde ihm bei allen Gasen außer Sauerstoff aber nicht gut bekommen. Allerdings ändert sich die Schallgeschwindigkeit mit der Temperatur, weil sich die Luft bei steigender Temperatur ausdehnt, so dass ihre Dichte ρ abnimmt. Weil die Schallgeschwindigkeit ihrerseits von ρ über die Gleichung $c_S = \sqrt{(1{,}4 \cdot p/\varrho)}$ abhängt, steigt sie mit abnehmender Dichte. Als Konsequenz verschiebt sich die Stimmung eines Blasinstruments mit steigender Temperatur nach oben. Unglücklicherweise verstimmen sich die Saiteninstrumente gerade in der anderen Richtung, weil die Saiten sich mit wachsender Temperatur ausdehnen, so dass ihre Spannung nachlässt. Dadurch wird der Ton der Saite tiefer (siehe S. 36f.). Wenn in einem

Orchester Streich- und Blasinstrumente zusammen spielen, besteht also die Gefahr, dass die Stimmungen der beiden Instrumentengruppen auseinanderlaufen, wenn sich die Umgebungstemperatur merklich ändert.

Zur Veranschaulichung der oben genannten Gleichung soll hier ein Zahlenbeispiel angegeben werden. Gesucht sei die Länge L einer offenen Orgelpfeife für den Ton **C** mit der Frequenz von 66 Hz. Aufgelöst nach L ergibt die Gleichung:

$$L = c_S/(2f_1)$$

Mit dem Wert für die Schallgeschwindigkeit c_S von 343 m/s folgt, dass die Länge L etwa 2,6 m betragen muss. In alte Einheiten umgerechnet entspricht dieser Wert einer Länge von ungefähr acht Fuß. Auf diese Weise ist die übliche Bezeichnung für die Register einer Orgel zu Stande gekommen. Sie werden traditionell mit der Länge der Pfeife für das notierte tiefe **C** bezeichnet. In einem 8-Fuß-Register war das meist der tiefste Ton des Instruments, 8 Fuß entsprechen dann der Abmessung der längsten Pfeife. In einem 4-Fuß-Register erklingt jeweils der eine Oktave höhere Ton, bei Betätigung der **C**-Taste also das kleine **c**.

Die Frequenzen der Obertöne einer in einer beidseitig offenen Röhre schwingenden Luftsäule sind wie bei der Saite ganzzahlige Vielfache der Frequenz des Grundtons, also:

$$f_2 = 2f_1; f_3 = 3f_1; f_4 = 4f_1 \text{ und so weiter.}$$

Wenn eine zylindrische Röhre an einem Ende geschlossen ist, stellt sich die Sache anders dar. Die Luft kann sich an dem geschlossenen Ende nicht bewegen, es muss sich dort also ein Schwingungsknoten beziehungsweise ein Druckbauch befinden, während an dem anderen, offenen Ende ein Druckknoten vorliegt. Gleiches ergibt sich, wenn man in die Mitte einer doppelt so langen Röhre, dort wo die Luftteilchen ruhen, eine Wand einschiebt und so die Röhre in zwei Hälften teilt. Die resultierende Druckverteilung in einer einseitig geschlossenen Röhre ist in Abbildung 11 dargestellt.

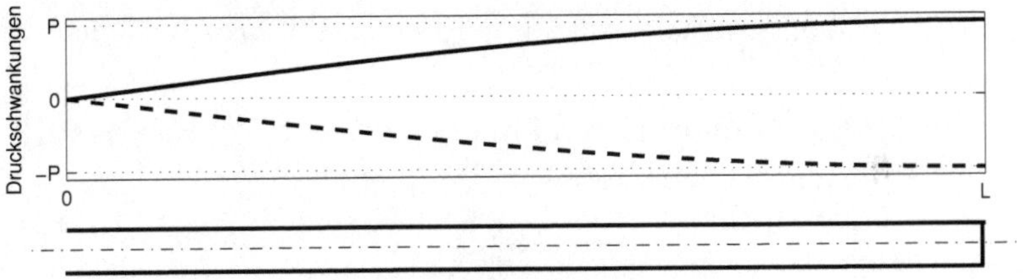

Abb. 11 Druckverteilung in einer einseitig geschlossenen Röhre

Die Schwingung über die Länge *L* erstreckt sich hier nur über ein Viertel einer Sinusfunktion. Die Frequenz des Grundtons ist daher in diesem Fall:

$$f_1 = c_S/4L,$$

also die Hälfte des Werts, der sich bei einer beidseitig offenen Röhre ergibt. Bei gleicher Länge klingt also eine einseitig geschlossene zylindrische Röhre eine Oktave tiefer als eine offene. Dies gilt für die GEDACKTEN Pfeifen einer Orgel ebenso wie für die Instrumente der Klarinettenfamilie. Die Schwingungsformen der Obertöne müssen wie der Grundton am geschlossenen Ende einen Druckbauch und am offenen Ende einen Druckknoten aufweisen. Sie haben daher die in Abbildung 12 gezeigte Form:

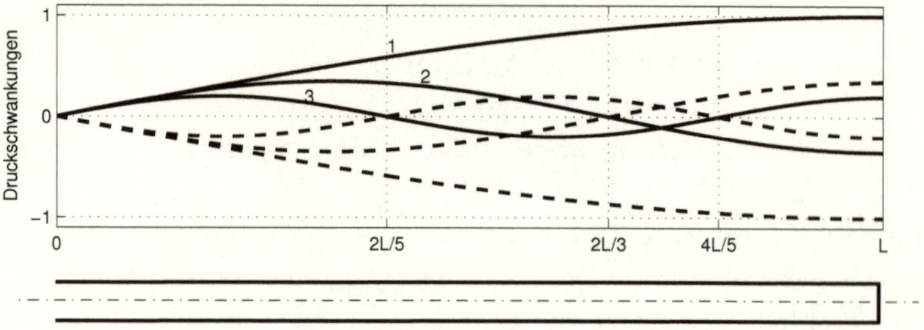

Abb. 12 Druckverteilung der Obertöne in einer einseitig geschlossenen Röhre

Die dazugehörigen Frequenzen sind jetzt ungeradzahlige Vielfache der Grundfrequenz:

$$f_2 = 3f_1, f_3 = 5f_1, f_4 = 7f_1 \text{ und so weiter.}$$

Dieses Verhalten lässt sich in der Realität nicht auf Saiten übertragen. Dazu müsste eine Saite an einer Seite befestigt sein – das entspräche dem offenen Ende der Röhre –, sich am anderen Ende aber frei zu beiden Seiten bewegen können – das entspräche dem geschlossenen Ende der Röhre. Zugleich müsste die Saite gespannt sein, es müsste also eine masselose Befestigung vorliegen, die eine seitliche Bewegung reibungsfrei zulässt. Dies ist nur in einem Gedankenexperiment, nicht aber in der Wirklichkeit möglich.

*

Bis jetzt ging es ausschließlich um zylindrische Röhren. Viele Blasinstrumente weisen aber KONISCHE BOHRUNGEN auf. Darum sollen im folgenden Abschnitt Schwingungen in konischen Röhren betrachtet werden.

Bei der Berechnung der Schwingungsformen und -frequenzen einer Luftsäule in einer konischen Röhre treten kompliziertere Gleichungen auf als in den bisher behandelten Fällen. Die Ergebnisse werden aus diesem Grund hier nur in anschaulicher Form dargestellt.

Abbildung 13 zeigt, wie sich der Druckbauch und der rechtsseitige Druckknoten der Schwingungsform mit der tiefsten Frequenz verschieben, und zwar bei einer Röhre mit konstanter Länge in Form eines

(a) beidseitig offenen Zylinders,
(b) beidseitig offenen unvollständigen Konus,
(c) einseitig geschlossenen vollständigen Konus,
(d) einseitig geschlossenen fast vollständigen Konus,
(e) einseitig geschlossenen unvollständigen Konus,
(f) einseitig geschlossenen Zylinders.

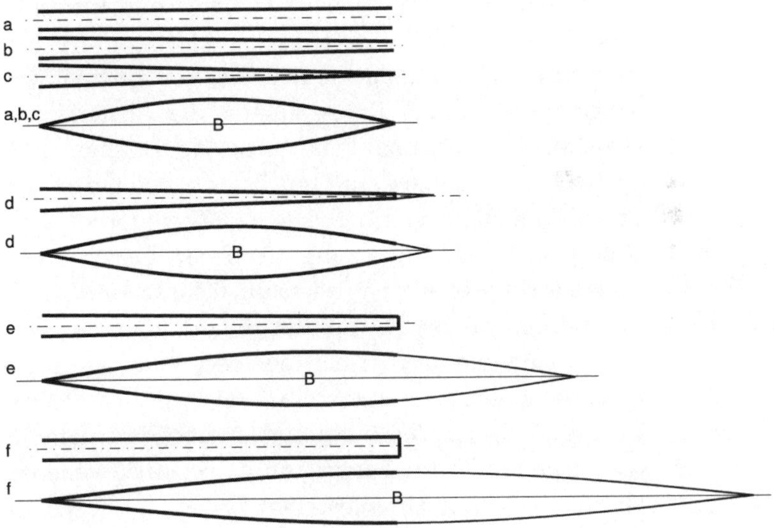

Abb. 13 Schwingungsformen beim Übergang von einem beidseitig offenen zu einem einseitig geschlossenen Zylinder

In den Fällen (a), (b) und (c) bleiben die Druckknoten und der Druckbauch an den gleichen Stellen, damit bleibt auch die Schwingungsfrequenz gleich. Dies erklärt, warum bei den Flöteninstrumenten die Tonhöhe nicht davon abhängt, ob die Bohrung zylindrisch ist (wie bei der modernen Boehmflöte) oder konisch (wie bei der alten Traversflöte und den Blockflöten). Etwas erstaunlich ist, dass sich die Frequenz auch nicht ändert, wenn der Konus vollständig wird, also an seiner Spitze ein geschlossenes Ende aufweist. Die Erklärung dafür liegt darin, dass die Natur keine Sprünge macht. Solange das Ende noch etwas offen ist, entsteht durch die Verbindung zur Außenluft ein Druckknoten, und das gilt auch für eine beliebig kleine Öffnung, die sich von der geschlossenen Spitze auch nur beliebig wenig unterscheidet. Wenn das geschlossene Ende aber eine merkliche Dicke hat wie bei (d), (e) und (f), wandert der in diesem Fall nur gedachte Druckknoten am geschlossenen Ende aus der Röhre hinaus, der Abstand der Druckknoten und damit die halbe Wellenlänge wird größer als die Länge der Röhre. Das bedeutet, dass die Frequenz niedriger wird. Solange wie bei (d) die gestrichelt gezeichnete Ergänzung des Konus bis zu seiner Spitze nicht größer ist als etwa ein Zehntel der Länge der Röhre, entspricht die Vergrößerung der halben Wellenlänge ziemlich genau der gedachten Verlängerung der Röhre zu einem vollständigen Konus. Diese Bedingung ist bei den Instrumenten der Oboenfamilie (Oboe, Englischhorn, Fagott) erfüllt. Bei einer weiteren Verbreiterung des geschlossenen Endes (vgl. (e)) liegt der Schwingungsknoten zwischen der um ein Zehntel verlängerten und der doppelten Länge der Röhre. Für diesen Fall gibt es keine einfache Formel. Wenn das geschlossene Ende schließlich den gleichen Durchmesser wie das offene Ende erreicht, wenn die Röhre wie bei (f) also wieder zylindrisch wird, nimmt die halbe Wellenlänge den Wert der doppelten Rohrlänge an, die Frequenz ist gegenüber der offenen Röhre halbiert. Das gleiche Ergebnis hatte sich schon bei der Betrachtung des Druckbauchs beziehungsweise Schwingungsknotens am geschlossenen Ende einer zylindrischen Röhre herausgestellt.

*

Bis hier war von offenen und geschlossenen Enden der zylindrischen oder konischen Röhren die Rede. Wie hängt das mit den realen Blasinstrumenten zusammen?

Bei den Flöten stellt auch die angeblasene Seite ein offenes Ende dar, das andere Ende ist ohnehin offen. Deswegen spielt bei ihnen die Form der Bohrung für die Tonhöhe kaum eine Rolle. Die Frequenzen der Obertöne sind hier ganzzahlige Vielfache der Frequenz des Grundtons. Beim Spiel in höheren Oktaven, dem Überblasen, erscheint daher zuerst die doppelte Frequenz, der Ton eine Oktave über dem Grundton.

Bei den übrigen Holzblasinstrumenten bilden die Rohrblätter und bei den Blechblasinstrumenten die Lippen des Bläsers eine Art Ventil, das einen größeren Teil der Zeit geschlossen ist. Deswegen liegen hier also einseitig geschlossene Röhren vor. Diese sind bei Oboen, Englischhörnern, Fagotten einerseits und bei Hörnern und Tuben andererseits konisch, wobei der Konus fast vollständig ist.

Wie im vorigen Abschnitt beschrieben, entspricht die effektive Länge des Instruments daher jener des zum vollständigen Kegel ergänzten Kegelstumpfs. Auch in diesem Fall sind die Frequenzen der Obertöne die ganzzahligen Vielfachen der Grundfrequenz. Aus diesem Grund überblasen auch diese Instrumente zunächst in die Oktave.

Die Klarinetten und ihre Verwandten weisen dagegen im Wesentlichen zylindrische Bohrungen auf. Sie verhalten sich daher wie eine einseitig geschlossene Röhre mit ungeradzahligen Frequenzen der Obertöne. Der erste Oberton hat die dreifache Frequenz des Grundtons, liegt also eine Duodezime darüber. Zwischen den beiden Extremfällen liegen die Trompeten, sie haben Bohrungen, die zum Teil zylindrisch, zum Teil konisch sind. Durch verschiedene Besonderheiten, zum Beispiel den Einfluss des Mundstücks, kommen die Frequenzen der Obertonreihe den ganzzahligen Vielfachen eines gedachten Grundtons wieder nahe. Der eigentliche Grundton ist stark verstimmt und wird daher normalerweise nicht gebraucht.

Bei Röhren stellt man sich meist unbewusst vor, dass sie gerade sind und einen kreisförmigen Querschnitt aufweisen. Das ist aber bei einigen Blasinstrumenten nicht der Fall. Zum Beispiel kann die Röhre aufgewickelt werden wie beim Waldhorn, oder sogar geknickt wie beim Fagott. Auf die Schwingung der darin befindlichen Luft hat das aber nur geringen Einfluss, solange der Rohrdurchmesser viel kleiner als die Länge ist, weil sich die Luftmoleküle im wesentlichen nur parallel zur Achse des Rohres bewegen können. Die Gestalt der Röhre spielt erst dann eine – wenn auch kleine – Rolle, wenn man die REIBUNG der Luft an der Wand des Rohres berücksichtigt. Aus den gleichen Gründen macht es auch praktisch keinen Unterschied, wenn die Röhre statt eines runden beispielsweise einen quadratischen Querschnitt hat, wie manche tieftönige Orgelpfeifen, die aus Holz angefertigt werden.

Ein für die musikalische Praxis taugliches Instrument muss in aller Regel verschiedene Töne erzeugen können. Wie bei den Saiteninstrumenten kann auch bei den Aerophonen für jeden Ton eine eigene Röhre vorgesehen werden, das ist zum Beispiel bei der Orgel und der Panflöte der Fall. Naturtrompeten und -hörner werden durch gezieltes Anblasen eines bestimmten Obertons gespielt, indem der Bläser die Spannung seiner Lippen verändert. Mit den Naturtönen 4, 5, 6 und 8 steht ein Durdreiklang mit Oktave zur Verfügung, und die Naturtöne 8 bis 16 erlauben es, eine vollständige Durtonleiter zu spielen, wenn die nicht stimmenden Töne 11, 13 und 14 etwas korrigiert werden. Bei den meisten Blasinstrumenten werden die Lücken in der Naturtonreihe dadurch geschlossen, dass die Rohrlänge verändert wird. Dazu gibt es wieder mehrere Möglichkeiten: Die Posaunen sind mit einem Zug ausgestattet, mit dessen Hilfe die wirksame Länge stufenlos vergrößert werden kann, bei den Trompeten, Hörnern und Tuben werden mit drei oder vier Ventilen zusätzliche Rohrstücke in die Bohrung eingeschaltet.

Die Röhren der sogenannten Holzblasinstrumente(6) werden im Gegensatz dazu durch Öffnen von seitlich angebrachten TONLÖCHERN verkürzt. Nur wenn ein solches Tonloch den gleichen Durchmesser wie die Bohrung an der entsprechenden Stelle der BOHRUNG hätte, würde es exakt so wirken, als wäre die Röhre dort abgeschnitten. Um diesem Ziel nahezukommen, sieht das Konzept der von Theobald Boehm (1794–1881) entwickelten modernen Querflöte möglichst große Tonlöcher vor. Die übrigen Holzblasinstrumente weisen dagegen im Verhältnis zur Bohrung erheblich kleinere Tonlöcher auf, die die Druckverhältnisse in der Röhre deutlich weniger beeinflussen. Um dennoch beim Öffnen die gleiche Tonerhöhung zu bewirken, müssen sie ein Stück weiter zum Anblasende hin angebracht werden. Wie ein kleines Tonloch die Druckverteilung verändert, zeigt Abbildung 14:

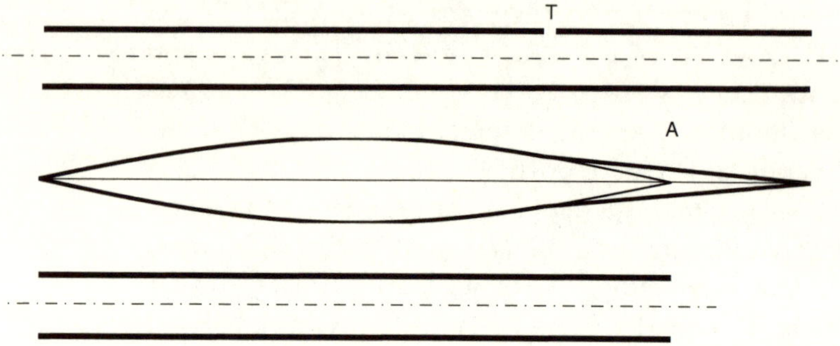

Abb. 14 Wirkung eines kleinen Tonlochs

Das Öffnen des Tonlochs *T* bewirkt, dass der Druck (genauer gesagt: die Schwankung des Drucks) von dieser Stelle an allmählich weiter abfällt, bis er am Rohrende den Wert Null erreicht. Die Druckverteilung vor dem Tonloch verändert sich so, dass ihre gedachte Verlängerung (dünnere Linie) die horizontale Achse im Punkt *A* trifft. Die Strecke vom Rohranfang bis *A* entspricht der neuen wirksamen Rohrlänge – das verkürzte Rohr in Abb. 14 unten. Der beim Öffnen des Tonlochs entstehende Ton hängt sowohl von dessen Position, als auch von dessen Größe ab. Dem Instrumentenbauer gibt das die Möglichkeit, einerseits ein Tonloch so zu legen, dass es von einem Finger des Bläsers erreicht werden kann, und andererseits den entsprechenden Ton nachzustimmen, indem er das Tonloch geringfügig vergrößert oder verkleinert.

Außer den Tonlöchern weisen die meisten Holzblasinstrumente weitere nochmals kleinere seitliche

Öffnungen auf, die im Ruhezustand mit sogenannten Oktav- oder Überblasklappen verschlossen sind. Wie die Bezeichnungen andeuten, dienen sie dazu, das Überblasen in die höhere Oktave – bei den Klarinetten in die Duodezime – zu erleichtern und so die Ansprache im höheren Register sicherer zu machen. Die optimale Position für diese Öffnungen ist der Druckbauch beziehungsweise Schwingungsknoten der jeweiligen Schwingungsform. Bei Oboe und Fagott ist dies die Mitte zwischen Mundstück und dem ersten geöffneten Tonloch, bei der Klarinette jedoch ein Drittel dieser Strecke, vom Mundstück aus gemessen. Daraus folgt, dass idealerweise für jeden Ton eine eigene Überblasklappe vorgesehen werden sollte. In der Praxis haben Oboen und Fagotte heute meist zwei oder drei Oktavklappen, die jeweils für einige benachbarte Töne geöffnet werden, die Klarinette muss mit einer einzigen auskommen.

*

Wie im Fall der schwingenden Saiten gibt es auch bei den schwingenden Luftsäulen weitere Faktoren, die bei einer exakt zutreffenden Beschreibung ihres Verhaltens zu berücksichtigen sind.

(a) Am offenen Ende einer Röhre gibt es eine Art Übergang zwischen der sich heftig bewegenden Luft in der Röhre und der ruhenden Außenluft. Eine Berechnung dieses Problems kommt zu dem Ergebnis, dass dieser Übergangsabschnitt die Röhre um das 0,7-fache ihres Radius verlängert. Wie eine solche Endkorrektur berechnet wird, ist oben am Beispiel einer angeblasenen Flasche erklärt (vgl. Kapitel 3, S. 29).

(b) Die komplizierten Verhältnisse am angeblasenen Ende eines realen Blasinstruments erfordern weitere Korrekturen: Bei einer Querflöte ist eine sogenannte Mundlochkorrektur vorzunehmen, bei den übrigen Blasinstrumenten ist der Einfluss der Wechselwirkung der schwingenden Teile des Mundstücks mit der Luftsäule zu berücksichtigen. Die Behandlung dieser Komplikationen würde den Rahmen dieses Buches sprengen.

(c) Viele Blasinstrumente weisen am offenen Ende eine Erweiterung der Bohrung auf, die je nach Instrument als Schallbecher oder Stürze bezeichnet wird. Bei den Klarinetten sorgt sie dafür, dass die überblasenen Töne exakt eine Duodezime über den Tönen des unteren Registers liegen. Bei den Blechblasinstrumenten hat sie darüber hinaus die Funktion, die Schwingung der Luftsäule effektiver an die umgebende Luft zu übertragen. Dadurch wird die LAUTSTÄRKE des Instruments erheblich erhöht und gleichzeitig die Klangfarbe verändert, so dass der typische Ton der Trompete beziehungsweise der Posaune oder des Horns entsteht.

(d) Die sich in der Röhre bewegende Luft wird durch Reibung an der Rohrwand etwas abgebremst. Dies verringert die Schwingungsfrequenz und damit die Tonhöhe geringfügig.

6. Geschlagene Felle: schwingende Membranen

Nach den nahezu eindimensionalen Saiten und Luftsäulen sollen jetzt zweidimensionale Objekte, also flächige Gegenstände betrachtet werden, wie zum Beispiel dünne gespannte Membranen, die an ihrem Rand befestigt sind. Wir beschränken uns hier auf den Fall kreisrunder Membranen, wie sie bei den Trommeln und Pauken vorkommen.

Während bei einer schwingenden Saite Schwingungsknoten auftreten können, also einzelne Punkte, an denen sich die Saite nicht bewegt, können sich bei einer schwingenden Membran sogenannte Knotenlinien bilden, also Linien, entlang denen die Membran ruht. Wie nicht anders zu erwarten, ist die mathematische Analyse[(7)] der möglichen Schwingungsformen schwieriger als im eindimensionalen Fall. Daher werden wir uns hier auf die Darstellung der Ergebnisse dieser Berechnungen beschränken.

Wenn eine kreisförmige Membran sich über ihre gesamte Fläche in der gleichen Richtung nach oben oder unten bewegt, ist ihre Schwingungsfrequenz am niedrigsten – wie bei der schwingenden Saite liegt dabei keine Knotenlinie vor. Wenn aber Knotenlinien auftreten, gibt es zwei Möglichkeiten: Entweder durchziehen gerade Linien den Mittelpunkt der Membran oder es ergeben sich Kreise um diesen Punkt. Um die entstehenden Muster zu charakterisieren, sind daher zwei Zähler m und n notwendig; m gibt die Anzahl der geraden Linien durch den Mittelpunkt und n die Anzahl der Kreise um den Mittelpunkt an, wobei der Rand als kreisförmige Knotenlinie mitgezählt wird. Abbildung 15 gibt einige Beispiele zur Erläuterung dieses Systems zur Nummerierung der Schwingungsformen.

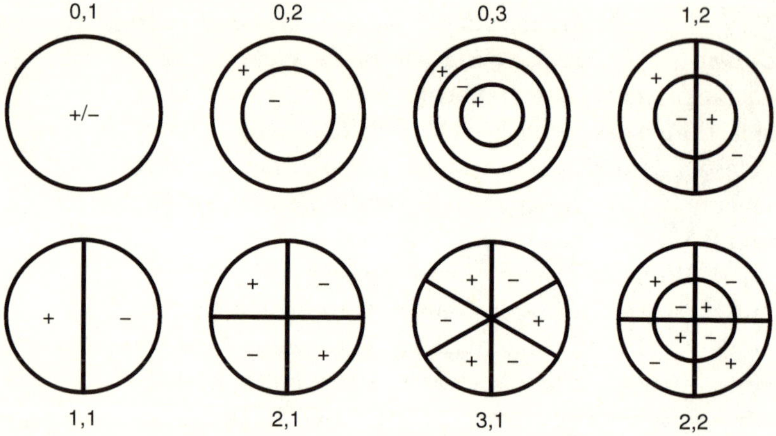

Abb. 15 Nummerierung der Schwingungsformen einer kreisförmigen Membran

Man stelle sich vor, dass die Membran durch eine Knotenlinie in zwei Bereiche getrennt ist: Der eine Bereich wird dabei nach oben ausgelenkt, während sich der andere nach unten bewegt. Dies ist in Abbildung 15 durch + beziehungsweise – angedeutet.

Während bei den eindimensionalen Saiten und Luftsäulen die Frequenzen der verschiedenen Schwingungsformen Vielfache der tiefsten Frequenz sind, ergeben sich bei einer Membran aber „krumme" Zahlenwerte bezogen auf den „Grundton": Die ersten sieben Faktoren sind zusammen mit den entsprechenden Schwingungsformen in aufsteigender Reihenfolge in Abbildung 16 angegeben.

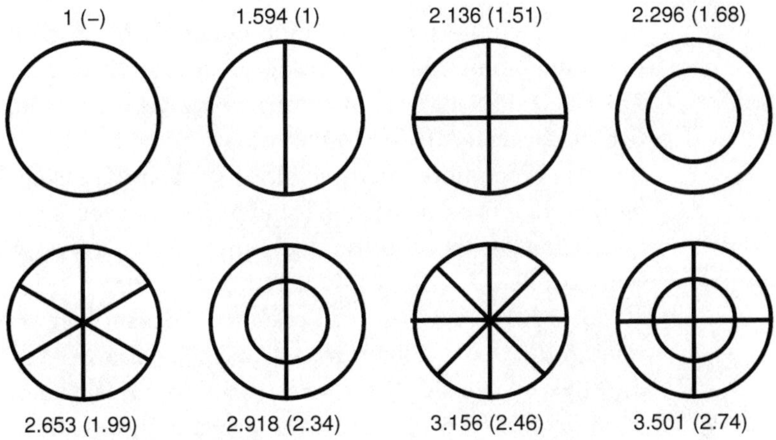

Abb. 16 Schwingungsformen und Frequenzverhältnisse einer kreisförmigen Membran
Zahlen ohne Klammern: Frequenzverhältnisse ohne Kessel, Zahlen mit Klammern: Frequenzverhältnisse mit Kessel

Wenn die Frequenz der einfachsten Schwingungsform einer runden Membran f_{01} ist, betragen die Frequenzen der weiteren Formen $f_{11} = 1{,}594 \cdot f_{01}$, $f_{21} = 2{,}136 \cdot f_{01}$, $f_{02} = 2{,}296 \cdot f_{01}$, $f_{31} = 2{,}653 \cdot f_{01}$, $f_{12} = 2{,}918 \cdot f_{01}$, $f_{41} = 3{,}156$ f_{01}, $f_{22} = 3{,}501 \cdot f_{01}$ und so weiter. Einer solchen Mischung kann das menschliche Gehör keine Tonhöhe zuordnen, es empfindet sie als Geräusch (vgl. dazu auch Kapitel 10). Aus diesem Grund erzeugt eine Trommel keinen notierbaren Ton, sondern eben den Klang einer Trommel.

Anders liegen die Verhältnisse bei einer Pauke. Wie die ebenfalls gebräuchliche Bezeichnung „Kesselpauke" sagt, ist hier die Membran über ein fast geschlossenes Gefäß gespannt. Das schwingungsfähige System besteht daher nicht nur aus der Membran, sondern aus dem Zusammenwirken der Membran mit der eingeschlossenen Luft. Eine wichtige Rolle spielt dabei auch eine kleine Öffnung definierter Größe im Kessel. Durch diese Anordnung wird die einfachste Schwingungsform der Membran so stark bedämpft, dass sie keine Rolle mehr spielt. Wie oben dargestellt ist das die Form, bei der sich die Membran über ihre ganze Fläche abwechselnd nach unten und nach oben bewegt. Dabei erfährt sie einen deutlichen Widerstand, weil sie die Luft im Kessel im Wechsel komprimieren und expandieren müsste. Gleichzeitig werden die Frequenzen der weiteren Schwingungsformen verändert. Wenn man nun die Schwingungsform mit der tiefsten Frequenz (f_{01}) nicht mehr beachtet und die weiteren Formen auf die mit der zweittiefsten Frequenz (f_{11}) bezieht, so erhält man $f_{21} = 1{,}51 \cdot f_{11}$, $f_{02} = 1{,}68 \cdot f_{11}$, $f_{31} = 1{,}99 \cdot f_{11}$, $f_{12} = 2{,}34 \cdot f_{11}$, $f_{41} = 2{,}46 \cdot f_{11}$ und $f_{22} = 2{,}74 \cdot f_{11}$, in Abbildung 16 durch die Zahlen in Klammern gegeben. In dieser Folge verhalten sich die Frequenzen $f_{11} : f_{21} : f_{31} : f_{41}$ annähernd wie die ganzen Zahlen 2 : 3 : 4 : 5. Diesem Muster kann unser Gehör eine Tonhöhe zuordnen, und zwar den fehlenden Grundton „1“ der Naturtonreihe, das heißt den halben Wert der Frequenz f_{11}, also eine Oktave tiefer als f_{11}.

7. Jetzt in drei Dimensionen: schwingende andere Körper

Nachdem die zweidimensionalen Membranen vielfältigere Schwingungsmuster aufweisen als die eindimensionalen Saiten und Luftsäulen, ist es nicht überraschend, dass dreidimensionale Körper im Allgemeinen ein noch komplizierteres Schwingungsverhalten zeigen. Aus diesem Grund sollen hier aus der großen Klasse der Idiophone nur einige verhältnismäßig einfache Beispiele behandelt werden, und zwar solche, die Töne mit definierter Höhe erzeugen können.

Das erste Beispiel ist die Stimmgabel, deren einfachste und in der Praxis dominierende Schwingungsform in Abbildung 17 gezeigt ist.

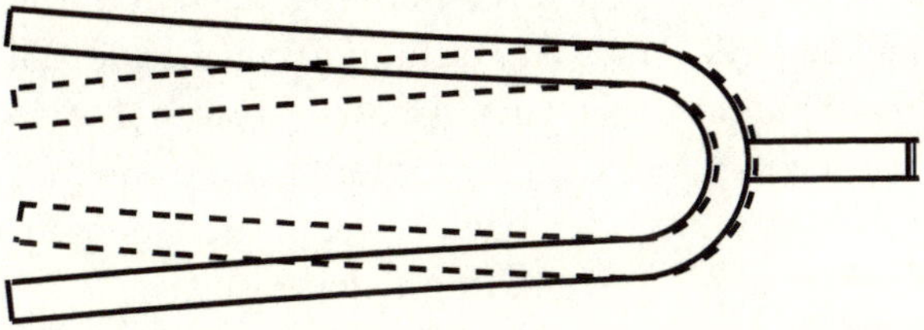

Abb. 17 Schwingungsform einer Stimmgabel

Die beiden Zinken der Gabel schwingen gleichzeitig nach innen beziehungsweise nach außen, dadurch bewegt sich auch der Griff entlang seiner Achse. Wenn man die Stimmgabel auf einen Resonanzkörper setzt, lässt sich so ihr Ton verstärken. In ähnlicher Weise kann man sie auch in lauter Umgebung oder exklusiv für sich hörbar machen, indem man den Griff an den eigenen Schädelknochen hält. Die anderen möglichen

Schwingungsformen spielen praktisch keine Rolle, weil sie bei der üblichen Art des Anschlagens nur wenig angeregt werden und schnell ausklingen.

Auch die Plättchen des Glockenspiels schwingen im Wesentlichen auf eine einfache Weise (vgl. Abb. 18):

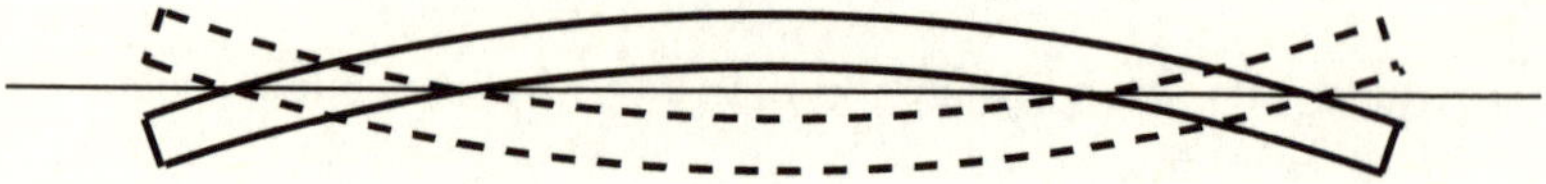

Abb. 18 Schwingungsform eines Glockenspiels

Die komplizierteren Schwingungsformen klingen nach dem Anschlagen schnell aus, während die gezeigte Grundschwingung dadurch bevorzugt wird, dass das Plättchen an seinen beiden Knotenpunkten unterstützt wird. Die Oberschwingungen weisen deutlich höhere Frequenzen als die Grundschwingung auf, zeigen aber keine Ähnlichkeit mit der Naturtonreihe.

Die Stäbe des Xylophons sind an ihrer Unterseite mit einer bogenförmigen Aushöhlung versehen, die bewirkt, dass die erste Oberschwingung gerade die dreifache Frequenz der Grundschwingung hat, also eine Duodezime über dem Grundton. Die Form eines Xylophonstabes und die beiden genannten Schwingungsformen sind in Abbildung 19 gezeigt.

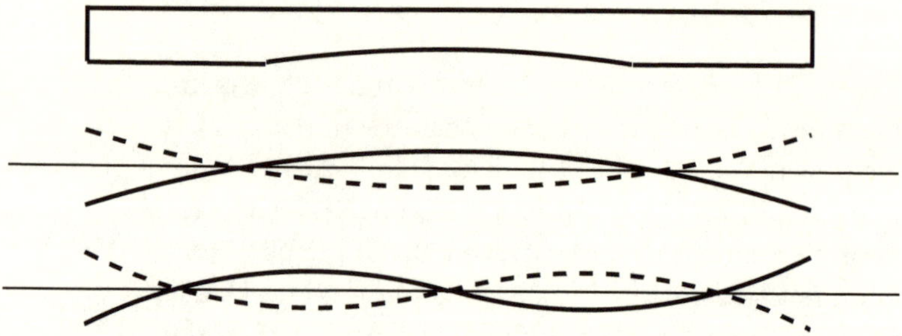

Abb. 19 Stab und Schwingungsformen eines Xylophons

Bei der Marimba sind die Stäbe mit einer größeren Ausnehmung versehen als beim Xylophon. Dadurch verschiebt sich die Frequenz des ersten Obertons auf den vierfachen Wert des Grundtons, entsprechend einem Intervall von zwei Oktaven. Die dazugehörigen Schwingungsformen gleichen denen des Xylophons.

Die Frequenzen der verschiedenen Schwingungsformen der Röhrenglocken weisen eine ungewöhnliche Verteilung auf. Insbesondere gibt es keine Schwingungsform, deren Frequenz der wahrgenommenen Tonhöhe beim Anschlagen entspricht. Die Erklärung für dieses Verhalten liegt wie bei der Pauke in unserem Gehörsinn. Da die Frequenzen der Partialschwingungen 4, 5 und 6 sich ungefähr wie die Zahlen 2 : 3 : 4 verhalten, nehmen wir den fehlenden Grundton (1) dieses Teils der Naturtonreihe wahr, der eine Oktave unter dem 4. Partialton liegt.

Besonders interessant ist die Folge der Frequenzen einer Kirchenglocke. In der folgenden Tabelle sind die neun niedrigsten Frequenzen einer typischen Glocke aufgeführt, bezogen auf den Ton, auf den die Glocke gestimmt ist. Je nach Empfinden des Zuhörers ist das die Nr. 2 oder auch die Nr. 5, eine Oktave höher. Die Zuordnung zur richtigen Oktave ist auch in anderen Fällen manchmal unsicher.

Nr.	1	2	3	4	5	6	7	8	9
f/f_2	0,5	1	1,2	1,5	2	2,5	2,667	3	4
Note für $f_2 = \mathrm{c}$	C	c	es	g	c^1	e^1	f^1	g^1	c^2

Die Frequenzen Nr. 1, 2, 4, 5, 6, 8 und 9 gehören zu einer Naturtonreihe mit dem Grundton 1, sie verhalten sich wie 1 : 2 : 3 : 4 : 5 : 6 : 8. Die stärksten

Oberschwingungen zeigen jedoch die Nummern 5, 8 und 9, sie verhalten sich wie 2:3:4 und sind Teile einer Naturtonreihe mit Nr. 2 als Grundton. Dies ist auch der Ton, den die meisten Zuhörer wahrnehmen.

Wenn die Glocke beim üblichen Läuten in kurzen Abständen immer wieder angeschlagen wird, ist der tiefste Ton (Nr. 1, die Unteroktave) meist nicht hörbar. Er tritt aber im Nachklang hervor, weil er am längsten erhalten bleibt.

8. Nicht zu fassen: schwingende Elektronen

Während die bisher vorgestellten Methoden der Tonerzeugung mit den Mitteln der MECHANIK behandelt werden können, fällt die verhältnismäßig junge Klasse der elektronischen Musikinstrumente aus diesem Bereich der Physik heraus. Für ihr Verständnis sind Kenntnisse der Elektrotechnik und Elektronik notwendig, eine Einführung in diese Technik würde den Rahmen dieses Buchs sprengen. Daher soll hier nur eine summarische Übersicht über einige Möglichkeiten gegeben werden, mit elektronischen Mitteln Töne zu erzeugen.

Jedes elektronische Musikinstrument muss eine Vorrichtung haben, die ein elektrisches Signal in Schall umwandelt, denn eine Schwingung der Elektronen kann man nicht hören. Für diese Signalwandlung gibt es bekanntlich Lautsprecher und Kopfhörer – an dieser Stelle benötigen also auch die rein elektronischen Klangerzeuger etwas Mechanisches.

Auch bei der Erzeugung einer Schwingung innerhalb eines elektronischen Musikinstruments werden manchmal mechanische Hilfsmittel eingesetzt. In der Hammond-Orgel ist zum Beispiel für jeden Ton ein rotierendes „Zahnrad" vorgesehen, dessen wellenförmige Zähne an einem elektromagnetischen Tonabnehmer vorbeigeführt werden. Die „Räder" einer Oktave sitzen auf einer gemeinsamen Welle, so dass sie mit der gleichen Drehzahl rotieren. Zur Erzeugung der höheren Oktaven rotieren die dazugehörigen Wellen mit dem gleichen Satz Räder mit der doppelten, vierfachen und achtfachen Drehzahl – und so weiter. In jedem

Tonabnehmer entsteht eine annähernd sinusförmige Wechselspannung, deren Frequenz dem gewünschten Ton entspricht.

Ein anderer Rückgriff auf die klassischen Methoden der Tonerzeugung findet sich in vielen Keyboards: Um den Klang eines bestimmten Instruments – in unseren Beispiel eine Violine – nachzubilden, werden auf einer echten Violine gestrichene Töne aufgenommen und in digitaler Form gespeichert („gesampled"). Dieses früher sehr aufwendige Verfahren ist erst durch die rasante Entwicklung der Mikroelektronik erschwinglich geworden. Alle so gespeicherten Töne können bei Bedarf über Registerschalter und die Tastatur abgerufen werden.

Aber auch ohne mechanische Hilfe lassen sich allein mit elektronischen Mitteln auf verschiedene Weisen Schwingungen erzeugen. So gibt es zum Beispiel in der elektrischen Schaltungstechnik Bauelemente, die sich analog zu einer Feder oder zu einer bewegten Masse verhalten (vgl. das einfache schwingende System in Kapitel 3). Die entsprechenden Bauteile sind KONDENSATOREN beziehungsweise SPULEN, die man zu einem sogenannten SCHWINGKREIS zusammenschalten kann. Ein solcher Schwingkreis bestimmt die Frequenz eines sogenannten Tongenerators, und viele Tongeneratoren bilden die Basis für eine elektronische Orgel.

In einem Synthesizer werden Schwingungen mit Hilfe der DIGITALTECHNIK erzeugt und können nahezu beliebig verändert und miteinander vermischt werden. Die Steuerung dieser Funktionen erfolgt durch den Computer. Die digitale Technik schafft eine nahezu unbegrenzte Vielfalt zur Erzeugung von Tönen, Klängen und Geräuschen.

Eine Mittelstellung zwischen mechanischen und elektronischen Musikinstrumenten nehmen die E-Gitarren ein. Äußerlich ähneln sie einer klassischen Gitarre mit sechs Saiten. Der Korpus dient aber nicht der Klangverstärkung, sondern nur als mechanische Halterung für die Saiten, deren Schwingung von einem elektromagnetischen Tonabnehmer in ein entsprechendes elektrisches Signal umgewandelt wird. Dieses wird dann verstärkt und kann elektronisch noch weiter verändert werden.

9. Die menschliche Stimme: schwingende Stimmbänder

Die Funktionsweise der menschlichen Stimme ist zu komplex, um sie im Rahmen dieses Buchs einigermaßen vollständig zu beschreiben. Doch können wir sie mit den Vorgängen im Mundstück eines Blechblasinstruments vergleichen, das im Gegensatz zum menschlichen Kehlkopf gut zugänglich ist. Wenn ein Trompeter die Atemluft durch seine angespannten und auf das Mundstück gepressten Lippen bläst, werden diese in Schwingungen versetzt, die Lippen öffnen und schließen sich abwechselnd in schneller Folge. Ähnliches passiert im Kehlkopf eines singenden Menschen: In ihm wird Luft aus der Lunge durch die von den gespannten STIMMBÄNDERN gebildete Stimmritze gedrückt. Dadurch wird der Luftstrom periodisch unterbrochen. In den Rachen-, Mund-, Nasen- und Stirnhöhlen und auch im Brustraum wird die Luft zum Schwingen gebracht.

Dem Sänger stehen vielfältige Möglichkeiten zur Verfügung, um den so entstehenden Ton zu verändern: Mit der Variation der Spannung der Stimmbänder wird primär die Schwingungsfrequenz, also die Tonhöhe eingestellt. Gleichzeitig passt der Sänger – meist unbewusst – den mit den Bauch- und Brustmuskeln erzeugten Luftdruck in der Lunge an. Dieser wird umgekehrt auch zur Regelung der Lautstärke benutzt, indem die durch den Kehlkopf strömende Luftmenge vergrößert beziehungsweise verkleinert wird. Schließlich kann der Sänger mit der Stellung des Mundes und der Veränderung des Mund- und Rachenraums die Klangfarbe beeinflussen. Mit einem einfachen Experiment kann man das am eigenen Körper erfahren: man muss nur nacheinander die Vokale a, e, i, o, u auf einem Ton singen und sich die dabei einstellenden Veränderungen im Mund- und Rachenbereich bewusst machen. Professionelle Sänger haben in ihrer Ausbildung gelernt, diese Funktionen auch gezielt zur Steigerung der Lautstärke und zur Bildung eines schönen Tons einzusetzen.

10. Hilfen zur Klanganalyse: Ton, Klang, Spektrum, Formant

Nachdem in den vorigen Kapiteln die verschiedenen Möglichkeiten zur Erzeugung von Schwingungen für musikalische Zwecke vorgestellt worden sind, wird im folgenden Kapitel die Analyse der entstehenden Töne beziehungsweise Klänge behandelt. Doch zunächst sollen die verwendeten Begriffe erklärt werden.

Wenn ein Physiker von einem TON spricht, meint er die einfachste aller möglichen Schwingungsformen, die sein Ohr erreicht, das ist die hier schon häufig erwähnte Sinusform. Sie ist dadurch gekennzeichnet, dass sie mit einer einzigen Frequenz zu beschreiben ist. Im Gegensatz dazu wird ein Musiker einen Ton meist so charakterisieren, dass er etwas Hörbares ist, dem er eine Tonhöhe zuordnen kann. Unsere Musikinstrumente bringen im Regelfall etwas hervor, das aus Schwingungen mit verschiedenen Frequenzen zusammengesetzt ist; zu einem Grundton treten meist noch einige sogenannte Obertöne hinzu. Was der Musiker also als „Ton" bezeichnet, benennt der Physiker schon als Klang, während ein musikalischer Klang aus verschiedenen Tönen einschließlich ihrer Obertöne besteht.

Neu eingeführt sei an dieser Stelle der Begriff SPEKTRUM. Aus dem täglichen Leben ist den meisten Menschen das Spektrum des Sonnenlichts bekannt, das zum Beispiel im Regenbogen sichtbar ist: die Folge der Farben rot-orange-gelb-grün-blau-violett, die man aus diesem Grund auch die Spektralfarben nennt. Das weiße Sonnenlicht ist dabei in seine Komponenten zerlegt, die sich – wie der Schall – mit Frequenzen und Wellenlängen beschreiben lassen. Ganz analog kann man auch Töne, Klänge und Geräusche nach ihren Frequenzen sortieren, das Ergebnis ist ein akustisches Spektrum(8). Es wird in Form eines Diagramms dargestellt, das die Amplituden der einzelnen Klangkomponenten als Funktion der Frequenz zeigt.

Der einfachste Fall ist das Spektrum einer Sinusfunktion, also eines Tons im physikalischen Sinne. Als Beispiel ist in Abbildung 20 das Spektrum des Kammertons **a¹** (440 Hz) gezeigt.

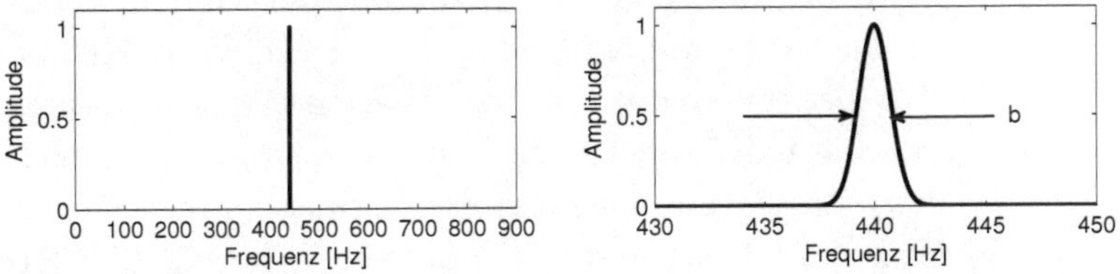

Abb. 20 Spektrum des Kammertons **a¹**

In diesem Idealfall besteht das Spektrum eines Tons aus einer Linie an der entsprechenden Stelle der Frequenzskala (linkes Teilbild). Dazu müsste die den Ton erzeugende Schwingung exakt einer Sinusfunktion folgen und unendlich lang andauern. Das kann man heute mit elektronischen Tongeneratoren erreichen. In der musikalischen Praxis treten jedoch immer kleine Abweichungen von der Idealgestalt auf, zum Beispiel durch Dämpfung der Schwingung oder durch Vibrato. Außerdem hat der Ton auch einen Anfang und ein Ende. Dies führt dazu, dass an die Stelle der Linie eine Kurve mit einer gewissen Breite *b* tritt, wie das rechte Teilbild zeigt. Als LINIENBREITE wird üblicherweise die Breite der Kurve bei der Hälfte der maximalen

Amplitude A definiert. Von den Orchesterinstrumenten kommt die Flöte dem Ideal eines Tons ohne Obertöne am nächsten, weil ihre Obertöne nur verhältnismäßig schwach ausgebildet sind.

Als zweites Beispiel betrachten wir das Spektrum der Naturtonreihe, die schon in Kapitel 4 erwähnt und in Abbildung 5 (S. 35) dargestellt worden ist. Als Grundton ist wieder das große **C** mit der Frequenz 66 Hz gewählt. Die Frequenzen der dazugehörigen Obertöne sind bekanntlich ganzzahlige Vielfache der niedrigsten Frequenz, also 132 Hz, 198 Hz, 264 Hz, 330 Hz, 396 Hz, 462 Hz, 528 Hz und so weiter. Abbildung 21 zeigt das dazugehörige Spektrum bis zum 16. Partialton mit der Frequenz 1056 Hz. Die einzelnen Frequenzen sind in der idealisierten Form mit Linien markiert, die Amplituden sind willkürlich so gezeichnet, dass sie mit steigender Frequenz abnehmen. Dieses Spektrum beschreibt den Klang eines hypothetischen Musikinstruments, das den Ton **C** spielt, wobei der Grundton die größte Amplitude aufweist. Bei realen Instrumenten ist das nicht immer der Fall, die Stärken der einzelnen Partialtöne können je nach Instrument, Tonhöhe und Spielweise ganz verschieden ausfallen.

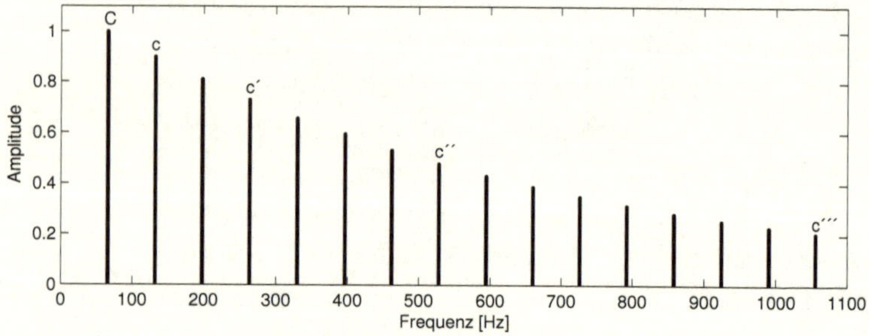

Abb. 21 Spektrum der Naturtonreihe

In dieser Darstellungsweise ist die Frequenzskala linear geteilt, das heißt, gleiche Abstände entsprechen gleichen Frequenzdifferenzen. Auf dieser Skala haben die Linien in unserem Beispiel den Abstand von 66 Hz. Für musikalische Zwecke ist aber eine andere Darstellungsweise vorteilhafter, eine sogenannte LOGARITHMISCHE SKALA, bei der gleiche Abstände gleichen Frequenzquotienten entsprechen. Denn musikalische Intervalle werden durch Frequenzquotienten charakterisiert, so entspricht zum Beispiel eine Oktave immer dem Frequenzverhältnis 2 : 1 beziehungsweise 1 : 2. Ein Beispiel für eine – jedenfalls annähernd – logarithmische Skala stellt die Tastatur eines Klaviers dar, bei der gleiche Intervalle in fast gleichen Abständen zu greifen sind. Auch unsere Notenschrift entspricht für die Tonhöhen ungefähr einer logarithmisch geteilten Skala für die dazugehörigen Frequenzen. In Abbildung 22 ist der gleiche Teil der Naturtonreihe nun über einer logarithmisch geteilten Frequenzskala dargestellt.(9)

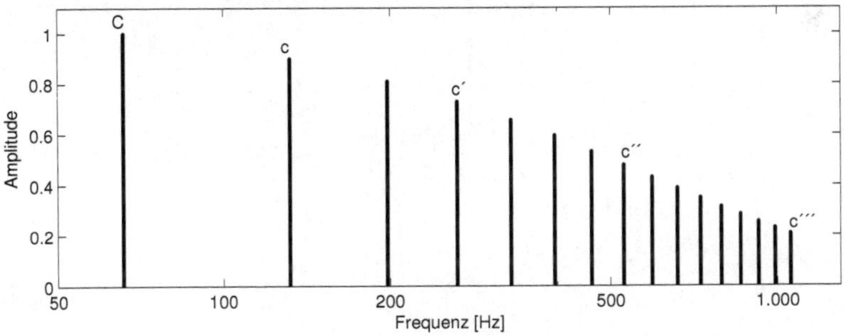

Abb. 22 Spektrum der Naturtonreihe mit logarithmischer Teilung der Frequenzskala

Die Skala ist bei niedrigeren Frequenzen gespreizt und zu höheren Frequenzen hin zunehmend komprimiert.

Das hat zur Folge, dass die mit **C**, **c**, **c¹**, **c²** und **c³** markierten Linien hier im gleichen Abstand jeweils einer Oktave auftreten. Diese logarithmische Darstellungsweise hat außerdem noch den Vorteil, dass man sie auch anwenden kann, wenn sich der Bereich der darzustellenden Größe über viele Zehnerpotenzen erstreckt. Bei einer linearen Skala ist dann entweder der Bereich der kleinen Werte zu dicht gedrängt oder die gesamte Skala passt nicht mehr auf das Papier.

Mit Hilfe des entsprechenden Spektrums kann man zum Beispiel veranschaulichen, wie der Klang einer Pauke zusammengesetzt ist, und verstehen, welchen Ton der Zuhörer wahrnimmt. In Abbildung 23 ist das Spektrum einer auf den Ton **d** gestimmten Pauke dargestellt, wobei zur Vereinfachung alle Amplituden als gleich angenommen sind.

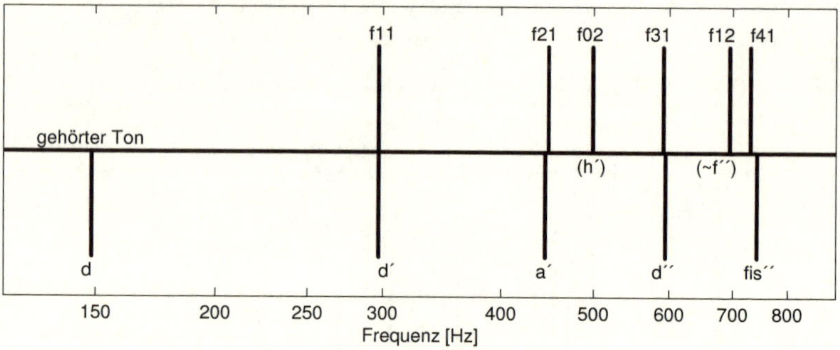

Abb. 23 Spektrum einer Pauke

Die Frequenzen $f_{11}, f_{21}, f_{02}, f_{31}, f_{12}$ und f_{41} sind im oberen Teil der Abbildung mit vertikalen Strichen angegeben. Im unteren Teil sind die ersten fünf Frequenzen der Naturtonreihe auf **d** (148,5 Hz) markiert. Sie entsprechen den Tönen **d**, **d¹**, **a¹**, **d²** und **fis²**; f_{11}, f_{21} und f_{31}

stimmen gut mit **d¹**, **a¹** und **d²** überein. Diesen Teil der Naturtonreihe ergänzt das Gehör um den Grundton **d**. Man hört also einen Ton, den das Instrument gar nicht abgibt. Die drei anderen Frequenzen f_{02} (**h¹**), f_{12} (ungefähr **f²**) und f_{41} (ungefähr **fis²**) passen nicht in das Schema. Diese Töne spielen für die Tonhöhenempfindung keine Rolle, weil unser Gehirn vorwiegend nach bekannten Mustern sucht und die nicht passenden Informationen unterdrückt.

In ähnlicher Weise kommt auch der „Ton" einer Röhrenglocke zustande. Abbildung 24 zeigt im oberen Teil ihr Spektrum im Bereich bis zur sechsten Partialschwingung.

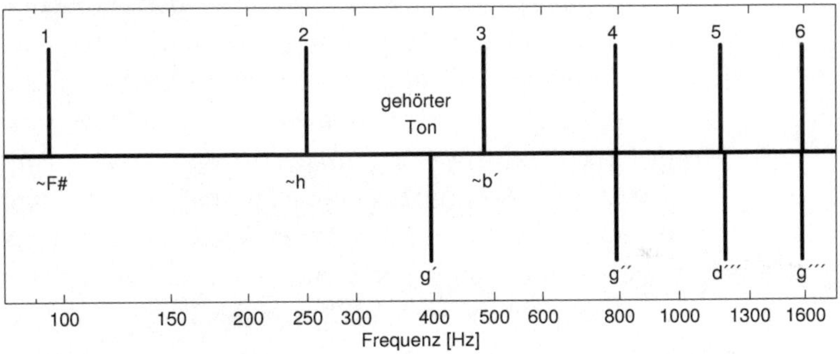

Abb. 24 Spektrum einer Röhrenglocke

Hier fallen die mit 4, 5 und 6 bezeichneten Frequenzen mit den Tönen **g²**, **d³** und **g³** mit dem 2., 3. und 4. Ton der Naturtonreihe auf **g¹** (396 Hz) zusammen, die im unteren Teil der Abbildung dargestellt ist. Aus diesem Grund meint das Gehör den Ton **g¹** wahrzunehmen, obwohl er im Spektrum überhaupt nicht vorkommt. Die drei tieferen Frequenzen 1, 2 und 3 der Röhrenglocke entsprechen ungefähr den Tönen **Fis**, **h** und **b¹**. Sie tragen zur Klangfarbe des Instruments bei, werden aber vom Gehör bei der Bestimmung der Tonhöhe ignoriert.

Für den Eindruck einer bestimmten Klangfarbe unabhängig von der jeweiligen Tonhöhe sind die sogenannten FORMANTEN wichtig. Das sind gewisse festliegende Frequenzbereiche im Klangspektrum, in denen die dort auftretenden Obertöne stärker ausfallen als in den benachbarten Bereichen. Während ein musikalisches Intervall durch das Verhältnis zweier Frequenzen gegeben ist, wird ein Formant also durch die absolute Höhe einer Frequenz bestimmt. Das bekannteste Beispiel für das Auftreten von Formanten findet sich beim Sprechen und Singen auf den Vokalen a, e, i, o, u. Für jede dieser charakteristischen Klangfarben lässt sich eine bestimmte Kombination von zwei Formanten nachweisen, die nur wenig von der individuellen Person abhängt. Dadurch fällt es uns meist nicht schwer, die Vokale richtig zu erkennen. Bei den höchsten Tönen einer Sopranstimme gelingt dies aber nicht, weil dann der entsprechende Grundton bereits im Bereich der Formanten liegt, so dass die Obertöne nicht mehr zur Bildung der Formanten zur Verfügung stehen.

Auch in den Spektren der Klänge von Musikinstrumenten sind Formanten zu finden. So hat zum Beispiel das Fagott einen ersten Formanten im Bereich etwas unter 500 Hz und einen zweiten bei 1100 bis 1200 Hz. Sie sind mit dafür verantwortlich, dass man einen Fagottton ohne weiteres von dem eines Cellos, einer Bassklarinette oder einer Posaune unterscheiden kann, auch wenn der gleiche Ton gespielt wird.

11. Zwei Töne: Kombinationstöne, Schwebungen

Bis hierher wurden Schwingungen voneinander isoliert betrachtet. Was aber passiert, wenn zwei Schwingungen aufeinander treffen? Seit dem Anfang des 18. Jahrhunderts sind die sogenannten DIFFERENZTÖNE bekannt, nach dem italienischen Geiger, Komponist und Musiktheoretiker Giuseppe Tartini (1692–1770) auch als Tartini-Töne bezeichnet. Ob sie wirklich von ihm zuerst entdeckt wurden, ist allerdings fraglich, zeitgleiche Beschreibungen gibt es von Jean-Philippe Rameau (1683–1764) und Georg Andreas Sorge (1703–1778). Das Phänomen mutet wie eine Sinnestäuschung an: Wenn zwei Töne gleichzeitig erklingen, kann man bisweilen einen tieferen dritten Ton hören, der eigentlich gar nicht „erzeugt" wird. Man hört zum Beispiel zu den Tönen **c**^{1} (264 Hz) und **e**^{1} (330 Hz) einen Basston **C** (66 Hz). Betrachtet man diese drei Frequenzen, so stellt man fest, dass die Frequenz des dritten Tons gleich der Differenz der Frequenzen der beiden ersten Töne ist. Das ist der Grund für die Bezeichnung DIFFERENZTON.

Wenn man das Phänomen der Differenztöne physikalisch betrachtet, stellt sich heraus, dass diese Töne im Idealfall gar nicht existieren; ein System kann theoretisch mit zwei Frequenzen gleichzeitig schwingen, ohne dass sich die beiden Schwingungen gegenseitig beeinflussen. In der realen Welt gibt es einen solchen Idealfall, der voraussetzt, dass das System sich genau „linear" verhält, aber nicht. Bei einem harmonischen Oszillator – dem einfachsten schwingungsfähigen

Gebilde (Kapitel 3, S. 20ff.) – muss die Kraft seiner idealen Feder exakt proportional zur Auslenkung sein. Dies ist eine lineare Beziehung, weil die Kraft als Funktion der Auslenkung in einem Diagramm aufgetragen eine gerade Linie ergibt. Reale Federn, Saiten, Membranen und so weiter weisen dagegen immer eine gewisse NICHTLINEARITÄT auf, also eine Abweichung vom linearen Verhalten. Wenn solche Objekte mit zwei Frequenzen gleichzeitig schwingen, sind Differenztöne auch messtechnisch nachweisbar. So verhalten sich die mechanisch schwingenden Teile des menschlichen Ohres wie das Trommelfell und die kleinen Knochen des Mittelohrs nicht genau linear. Spätestens an dieser Stelle treten die Differenztöne daher ganz real auf.

Die Differenztöne bieten auch eine Erklärung dafür, dass unser Gehör die Tonhöhe eines Klangs aus der Naturtonreihe oder Teilen davon bestimmt. Beispiele dafür sind die Pauken und Röhrenglocken (vgl. Kapitel 6, S. 57f., Kapitel 7, S. 61 und Kapitel 10, S. 73). Bei der Naturtonreihe ist die Differenz der Frequenzen zweier benachbarter Töne immer gleich und stimmt mit der des Grundtons überein. Schon bei drei aufeinander folgenden Tönen entsteht der gleiche Differenzton zweimal, so dass er deutlich hörbar wird. Je mehr Töne der Naturtonreihe vorhanden sind, desto stärker tritt der Grundton hervor.

Auf Grund dieses Effekts treten die tiefen Töne der 16-Fuß-Bässe Kontrabass und Kontrafagott im Orchesterklang deutlicher hervor, wenn andere Instrumente wie Violoncello und/oder Fagott in der höheren Oktave mitspielen. Weil die Grundtöne von Kontrabass beziehungsweise Kontrafagott im jeweiligen Spektrum nur relativ schwach vertreten sind, klingen diese

Instrumente alleine vergleichsweise flach. Sobald aber die Oberoktave gleichzeitig erklingt, wird ein zusätzlicher Differenzton erzeugt, der den Grundton unterstützt. Dazu ein Beispiel: der Kontrabass spielt das Kontra-**F** (44 Hz) mit dem ersten Oberton **F** (88 Hz); dazu tritt das Cello mit dem gleichen **F**. Die Differenz der Frequenzen von **F** und Kontra-**F** beträgt 44 Hz, entspricht also dem Ton des Kontrabasses.

Hermann von Helmholtz (1821–1894) hat nachgewiesen, dass neben den Differenztönen auch – deutlich schwächere – SUMMATIONSTÖNE auftreten: Ihre Frequenz entspricht der Summe der Frequenzen der ursprünglichen Töne. Darüber hinaus hat er auch KOMBINATIONSTÖNE, also Differenz- oder Summationstöne zwischen Obertönen beobachtet, die nochmals schwächer sind, weil sie aus schwächeren Ausgangstönen gebildet werden.

Ein ähnliches Phänomen wie die Differenztöne sind die SCHWEBUNGEN. Sie treten auf, wenn zwei Töne gleichzeitig erklingen, deren Frequenzen sich nur wenig unterscheiden. Bei einer Schwebung hört man nur einen Ton, dessen Lautstärke periodisch schwankt, wobei die Schwankung umso langsamer erfolgt, je dichter die beiden Frequenzen beieinander liegen.

Diesen Effekt benutzen die Klavierstimmer, wenn sie zwei Saiten auf den gleichen Ton stimmen. Es kommt aber auch vor, dass sie ein bestimmtes Intervall zwischen zwei Saiten stimmen; dann hören sie auf eine Schwebung zwischen dem Grundton der einen und einem Oberton der anderen Saite.

Bei der heute üblichen TEMPERIERTEN STIMMUNG werden alle Quinten um den gleichen Betrag verkleinert, damit sich der QUINTENZIRKEL schließt. Dabei stellen die Klavierstimmer geringe gleichförmige

Schwebungen bewusst ein, weshalb diese Stimmung auch „gleichschwebend" temperiert genannt wird. In Abbildung 25 ist erläutert, wie eine Schwebung zustande kommt.

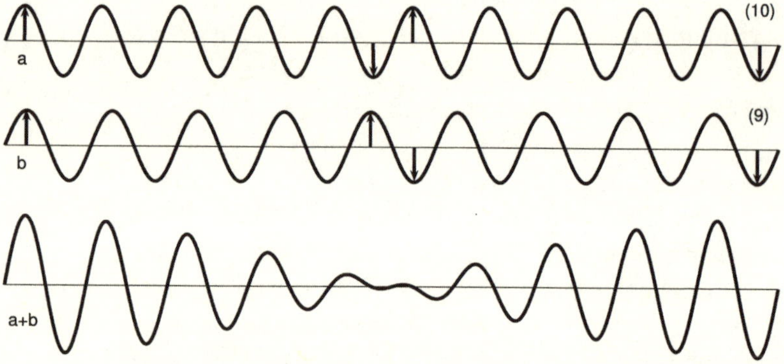

Abb. 25 Entstehung einer Schwebung

Im oberen Teilbild a ist eine Sinusschwingung aufgezeichnet, die auf der Länge der Achse gerade zehn vollständige Perioden zeigt. Darunter (Teilbild b) ist eine Schwingung mit gleicher Amplitude, aber etwas niedrigerer Frequenz abgebildet, bei der auf die gleiche Länge neun Perioden passen. Am linken und rechten Ende der Zeichnung fallen die Maxima beziehungsweise Minima der beiden Kurvenzüge aufeinander, während in der Bildmitte ein Maximum von *a* mit einem MINIMUM von *b* und umgekehrt übereinstimmt (siehe die eingezeichneten Pfeile). Im unteren Teilbild a+b ist die Kurve aufgetragen, die man erhält, wenn man die beiden Kurven punktweise addiert. Links und rechts entsteht eine Sinuskurve mit der doppelten Amplitude, und in der Mitte gibt es einen Bereich, in dem sich die Beiträge gerade gegenseitig aufheben.

Dieses Resultat kann man auch mit einer kurzen Rechnung erhalten, im Wesentlichen genügt ein Blick in eine mathematische Formelsammlung. Wenn man zwei Sinusfunktionen mit gleicher Amplitude, aber verschiedenen Kreisfrequenzen ω_1 und ω_2 addiert, ergibt sich:

$$\sin(\omega_1 t) + \sin(\omega_2 t) =$$
$$2 \cdot \sin[(\omega_1 + \omega_2)t/2] \cdot \cos[(\omega_1 - \omega_2)t/2].$$

Der erste Faktor enthält die Kreisfrequenz $(\omega_1 + \omega_2)/2$, das ist der ARITHMETISCHE MITTELWERT von ω_1 und ω_2, man hört also einen Ton zwischen den beiden Ausgangstönen. Der zweite Faktor stellt die Variation der Amplitude dar, deren Frequenz ist gleich der Hälfte der Differenz der ursprünglichen Frequenzen. Dabei kommt es aber nur auf den Wechsel zwischen größter positiver beziehungsweise negativer Auslenkung und keiner Auslenkung an, der mit der doppelten Frequenz auftritt, so dass die Lautstärke entsprechend der Differenz der Frequenzen der einzelnen Töne schwankt. Dies stimmt genau mit der Erfahrung überein.

12. Je nach Geschmack: Konsonanz und Dissonanz

Welche Kombination von Tönen man als konsonant oder dissonant bezeichnet, ist vom Kulturkreis(10) des Hörers, von der jeweiligen Epoche und vom persönlichen Kontakt mit Musik abhängig. Es besteht aber Einvernehmen darüber, dass zumindest die Oktave eine besondere Beziehung zwischen Tönen darstellt. Ihr Klangeindruck wird als verschmelzend oder fast gleich beschrieben. Im europäischen Tonsystem werden Töne im Oktavabstand daher mit dem gleichen Buchstaben bezeichnet.

Zur Untersuchung der objektiven Grundlagen für die Beurteilung eines Zusammenklangs als KONSONANT oder DISSONANT hat man Versuche mit elektronisch erzeugten „reinen" Tönen, also einfachen Sinusschwingungen ohne Obertöne durchgeführt. So wurden zwei solcher Töne aus der Mitte des Hörbereichs(11) Testpersonen vorgespielt, wobei die Frequenz eines Tons festgehalten und die des anderen variiert wurde.(12) Die Testpersonen schilderten übereinstimmend, dass bei sehr kleinen Frequenzunterschieden die im vorigen Kapitel beschriebenen Schwebungen auftraten – sie hörten einen einzigen Ton mit periodisch schwankender Lautstärke. Wenn die Frequenzen hingegen sich um mehr als etwa 10 Hz unterschieden, wurde der gemeinsame Klang als „rau" oder „sich reibend" empfunden, und wenn das Intervall zwischen den Tönen größer oder gleich ungefähr einer kleinen Terz war, nahmen die Versuchsteilnehmer zwei getrennte Töne wahr, die sich aber gegenseitig nicht störten, unabhängig von der Größe des Intervalls.

Wenn man das Ergebnis dieser Untersuchungen auf musikalische Töne, das heißt Töne einschließlich ihrer Obertöne anwendet, kann man den Grad der Verschmelzung verschiedener Intervalle erklären. In Abbildung 26 sind die Spektren einiger Tonkombinationen dargestellt, wobei als konstanter Ton das **c** (132 Hz) gewählt ist.

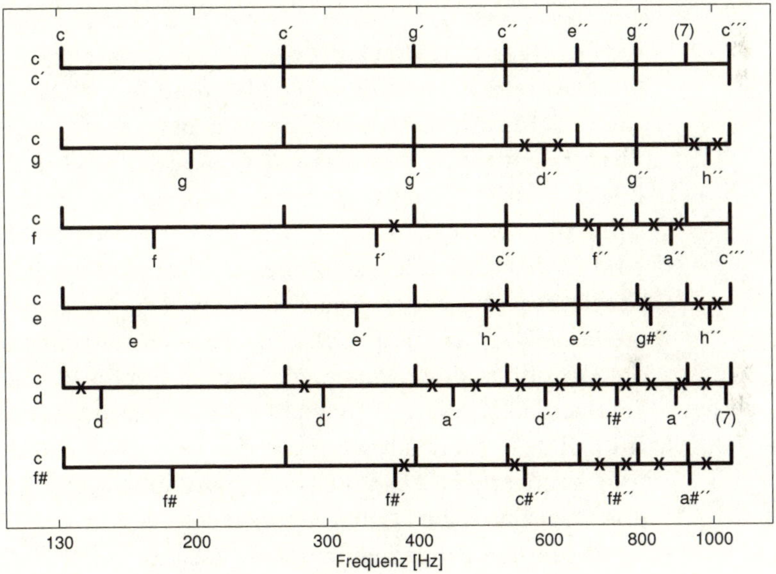

Abb. 26 Spektren von Tonkombinationen

In der obersten Zeile ist zusammen mit der Naturtonreihe auf **c** die der nächsthöheren Oktave **c^1** eingezeichnet: Man sieht, dass alle Frequenzen von **c^1** mit denen von **c** genau übereinstimmen. Die Kombination **c–c^1** klingt also kaum anders als **c** alleine. Die zweite

Zeile vergleicht die Spektren von **c** und **g**. Hier gibt es Übereinstimmungen bei $\mathbf{g}^1$ und $\mathbf{g}^2$, die Frequenzen von $\mathbf{d}^2$ und $\mathbf{h}^2$ kommen aber Obertönen von **c** schon näher als dem Abstand einer kleinen Terz entspricht, im Bild durch Kreuze *x* angedeutet. An diesen Stellen kommt es daher zu Reibungen zwischen den Obertönen, die Quinte **g** verschmilzt nicht vollständig mit dem Grundton **c**. Bei der Quarte **c–f** (dritte Zeile) reibt sich schon der erste Oberton $\mathbf{f}^1$ mit dem $\mathbf{g}^1$ aus der **c**-Reihe, weitere Rauigkeiten treten bei $\mathbf{f}^2$ und $\mathbf{a}^2$ auf. Das hat zur Folge, dass die Quarte als nicht so konsonant wie die Quinte empfunden wird.

Die vierte Zeile stellt dem **c** die große Terz **e** gegenüber. Hier kommt erst das $\mathbf{h}^1$ dem $\mathbf{c}^2$ zu nahe, dann noch das $g\sharp^2$ dem $\mathbf{g}^2$ und dem 7. Ton der **c**-Reihe. Auf Grund dieser relativ geringen Reibungen klingt die große Terz „harmonisch“. Als Beispiele für DISSONANZEN sind in den beiden letzten Zeilen die Verhältnisse bei der großen Sekunde **c–d** und dem Tritonus **c–f♯** dargestellt. Bei der Sekunde haben alle Töne einschließlich des Grundtons einen kleineren Abstand als eine kleine Terz von benachbarten Tönen der Naturtonreihe auf **c**. Im Fall des Tritonus hat nur die Frequenz des Grundtons genügenden Abstand von **c** beziehungsweise $\mathbf{c}^1$, alle Obertöne reiben sich mit Tönen der **c**-Reihe.

In diesem Zusammenhang ist noch zu bedenken, dass die Obertöne der Musikinstrumente mit steigender Frequenz generell schwächer werden. Darum spielen die Obertöne für den Grad der Konsonanz eine immer geringere Rolle, je höher sie sind. Andererseits sind die Abstände der Naturtöne zu ihren Nachbarn vom „bösen“ siebten Ton an immer kleiner als eine kleine Terz, sie reiben sich also schon untereinander. Dies ist wohl der Grund für den „schmetternden“ Ton der Trompeten im fortissimo, wobei die Obertöne höherer Ordnung stark genug sind, um deutlich wahrgenommen zu werden.

Wie hier gezeigt, ergibt die Betrachtung der Frequenzabstände zwischen Tönen und ihren Obertönen eine nachvollziehbare Erklärung für das Empfinden einer Konsonanz beziehungsweise Dissonanz zweier Töne. Ein Intervall klingt demzufolge umso konsonanter, desto weniger Reibungen zwischen den einzelnen Frequenzen auftreten.

Das lässt sich auf die plakative Formel bringen: Konsonanz ist das Fehlen von Dissonanz.

13. Eine Auswahl treffen: Tonsysteme

Wie im vorigen Kapitel beschrieben, stellt (wenn man von der Prime absieht) die Oktave das Intervall mit dem höchsten Grad an Konsonanz dar. Sie ist – wohl aus diesem Grund – die Basis für die verschiedenen Tonsysteme aus unterschiedlichen Kulturkreisen. Hier sollen aber nur die in Europa entwickelten und gebräuchlichen Tonsysteme behandelt werden. Konkret handelt es sich um verschiedene Möglichkeiten, wie eine Tonleiter konstruiert werden kann.

Im alten Griechenland hatte man mithilfe des Monochords schon den Zusammenhang zwischen den Längen von Abschnitten einer gespannten Saite und den dazu gehörigen Tonhöhen untersucht. Wenn man die Saite in ihrer Mitte teilt, entsteht an beiden Hälften ein Ton, der eine Oktave höher als der Ton der gesamten Saite ist. Verkürzt man die Saite um ein Drittel beziehungsweise um ein Viertel, so erklingt die Quinte beziehungsweise die Quarte. Für die weiteren Überlegungen betrachten wir nicht die Saitenabschnitte, sondern die entsprechenden Frequenzen. Bezeichnet man die Frequenz der ganzen Saite willkürlich mit 1, dann hat die Oktave die Frequenz 2, die Quinte $3/2$ und die Quarte $4/3$. Die Wahl dieser Zahlen hat den Vorteil, dass man für den Bereich einer Oktave nur mit Zahlen zwischen 1 und 2 operieren muss. Dieses Vorgehen ist möglich, weil ein Intervall durch den Quotienten der beiden beteiligten Frequenzen gegeben ist, es also nicht auf die absolute Größe der Zahlenwerte ankommt. Zum „Addieren" zweier Intervalle muss man die beiden Frequenzverhältnisse miteinander multiplizieren, zum „Subtrahieren" durcheinander dividieren.

Mit diesen Kenntnissen können wir die in Abbildung 27 gezeigte erste Unterteilung der Oktave vornehmen.

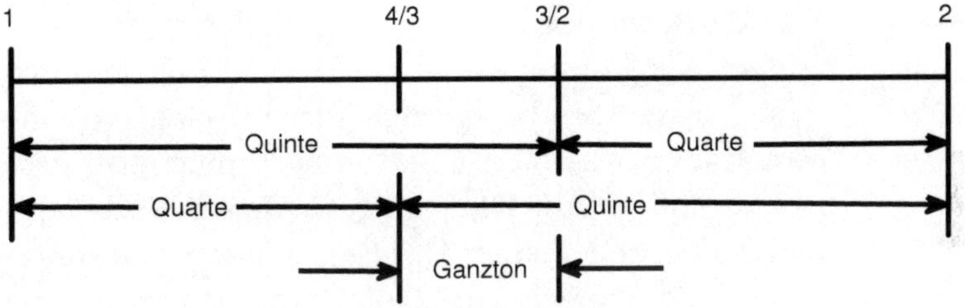

Abb. 27 Erste Unterteilung der Oktave

Quinte plus Quarte oder Quarte plus Quinte ergeben jeweils eine Oktave, in Frequenzen ausgedrückt:

$$(3/2) \cdot (4/3) = 2, \text{ beziehungsweise } (4/3) \cdot (3/2) = 2.$$

Zwischen Quarte und Quinte entsteht ein neues Intervall, der Ganzton als Differenz der beiden. Für den Ganzton ergibt sich das Frequenzverhältnis

$$(3/2) : (4/3) = (3/2) \cdot (3/4) = 9/8.$$

Zwei Quarten plus ein Ganzton ergänzen sich wieder zur Oktave, denn

$$(4/3) \cdot (4/3) \cdot (9/8) = (16/9) \cdot (9/8) = 2.$$

Darauf aufbauend kann man eine sogenannte pythagoräische Tonleiter konstruieren. Sie heißt so, weil sie auf den von Pythagoras beschriebenen Zahlenverhältnissen beruht. Wenn man als naheliegendes Beispiel die C-Dur-Tonleiter wählt, sind nach der eben vorgestellten Unterteilung die Töne **F** (Quarte) und **G** (Quinte) schon gegeben. Die noch fehlenden Töne erhält man, indem man von **G** ausgehend im Quintenzirkel[13] bis **H** aufwärts fortschreitet, also G-D-A-E-H. Die dazugehörigen Frequenzen findet man durch stufenweise Multiplikation mit $3/2$ und Division durch 2 oder 4 (entsprechend einer Verschiebung um eine beziehungsweise zwei Oktaven nach unten), so dass die Töne in die erste Oktave, also in den Zahlenbereich zwischen 1 und 2 fallen. Das Ergebnis dieser Rechnungen ist in der folgenden Tabelle dargestellt. Bis auf die Töne **C** sind alle Notennamen mit dem Index „P" versehen, um klarzustellen, dass es sich um eine pythagoräische Skala handelt.

C	$\mathbf{D}_P$	$\mathbf{E}_P$	$\mathbf{F}_P$	$\mathbf{G}_P$	$\mathbf{A}_P$	$\mathbf{H}_P$	**C**
1	$9/8$	$81/64$	$4/3$	$3/2$	$27/16$	$243/128$	2
	$9/8$	$9/8$	$256/243$	$9/8$	$9/8$	$9/8$	$256/243$

In der dritten Zeile der Tabelle sind die Frequenzverhältnisse der jeweiligen Intervalle aufgeführt, fünf Ganztöne zu $9/8$ und zwei Halbtöne zu $256/243$. Zur Kontrolle kann man nachrechnen:

$$(9/8) \cdot (9/8) \cdot (9/8) \cdot (9/8) \cdot (9/8) \cdot (256/243) \cdot (256/243) = 2.$$

Soweit scheint das Ergebnis der Konstruktion einer pythagoräischen Skala ganz vernünftig zu sein. Wenn man aber nach dem gleichen Rezept die Töne berechnet, die für andere Tonarten notwendig sind, also zum

Beispiel **B** für F-Dur oder **Fis** für G-Dur, so ergibt sich ein unlösbares Problem. **B** müsste einen Halbton über **A** liegen, seine Frequenz ist daher

$$(27/16) \cdot (256/243) = 16/9 \approx 1{,}778.$$

Andererseits liegt das für H-Dur erforderliche **Ais** einen Halbton unter **H**, seine Frequenz beträgt also

$$(243/128) : (256/243) = 59049/32786 \approx 1{,}802.$$

Ais und **B** sind demnach verschiedene Töne – der Quintenzirkel schließt sich nicht. Ihm zufolge würden zwölf Quinten genau sieben Oktaven entsprechen.

In Frequenzen ausgedrückt sind zwölf Quinten $(3/2)^{12} = 3^{12}/2^{12} = 531441/4096$, oder als Dezimalzahl ungefähr 129,746, sieben Oktaven sind dagegen $2^7 = 128$. Das Verhältnis dieser beiden Zahlen ist exakt $(3^{12}/2^{12}) : 2^7 = 3^{12}/2^{19} = 531441/524288$. Diesen letzten Bruch kann man nicht durch Kürzen vereinfachen, weil der Zähler nur aus Faktoren 3 und der Nenner nur aus Faktoren 2 besteht. In eine Dezimalzahl umgerechnet beträgt der Bruch etwa 1,0136433, das dazugehörige kleine Intervall heißt PYTHAGORÄISCHES KOMMA.

Dass sich der Quintenzirkel nicht schließt, war lange Zeit vor allem bei Tasteninstrumenten ein großes Problem. Man hat zwar gelegentlich Instrumente gebaut, die zum Beispiel für **Es** und **Dis** zwei getrennte Tasten und Saiten vorsahen. Auf die Dauer wurde dies aber nicht als besonders praktikabel angesehen. Erst mit der Einführung der gleichschwebend temperierten Stimmung wurde ein Kompromiss gefunden, der sich weitgehend durchgesetzt hat (siehe unten). Es gibt aber Menschen, deren feines Gehör von der temperierten Stimmung gestört wird. Auch in der sog. historisch informierten Aufführungspraxis werden heute andere Stimmungen benutzt (siehe S. 89f.).

Während die pythagoräische Tonleiter nur Zahlenverhältnisse aufweist, die auf den beiden Zahlen zwei und drei basieren, lässt die sogenannte reine Stimmung zusätzlich auch die Zahl fünf zu. Sie geht auf Didymos zurück, der im ersten Jahrhundert vor Christus gelebt hat. Mit der Verwendung der Fünf entstehen zwei neue Intervalle, die große Terz $5/4$ und die kleine Terz $6/5$. Die Sext wird eine große Terz über der Quarte beziehungsweise eine kleine Terz unter der Oktave festgelegt. In Zahlen ergibt sich: $(4/3)\cdot(5/4)=5/3$ oder $2:(6/5)=5/3$. Analog erhält man die Septime eine große Terz über der Quinte beziehungsweise eine kleine Terz unter der None, wieder in Zahlen: $(3/2)\cdot(5/4)=15/8$ oder $2\cdot(9/8):(6/5)=15/8$. Die so erhaltenen Zahlenwerte für die Frequenzen der C-Dur-Tonleiter in reiner Stimmung und die sich zwischen den Tönen ergebenden Intervalle sind in der folgenden Tabelle aufgeführt.

C		**D**$_R$		**E**$_R$		**F**$_R$		**G**$_R$		**A**$_R$		**H**$_R$		**C**
1		$9/8$		$5/4$		$4/3$		$3/2$		$5/3$		$15/8$		2
	$9/8$		$10/9$		$16/15$		$9/8$		$10/9$		$9/8$		$16/15$	

Betrachtet man wieder die in der dritten Zeile dargestellten Frequenzverhältnisse der Intervalle, so fällt zunächst auf, dass es jetzt zwei Ganztöne gibt, den großen ($9/8$) und den kleinen ($10/9$) Ganzton. Der Unterschied zwischen beiden beträgt $(9/8):(10/9)=81/80$ und heißt DIDYMISCHES KOMMA. Neben den nach Voraussetzung gleichen Werten für **C** (1 beziehungsweise 2) stimmen die Töne **D**, **F** und **G** mit denen der

PYTHAGORÄISCHEN TONLEITER überein. Neu sind die Übereinstimmungen mit der Naturtonreihe bei **E** und **H**, so dass jetzt insgesamt sechs Töne exakt gleich Mitgliedern der Naturtonreihe sind: **C** ($1 = 8/8$), **D** ($9/8$), **E** ($5/4 = 10/8$), **G** ($3/2 = 12/8$), **H** ($15/8$) und **C** ($2 = 16/8$). Ihre Frequenzen verhalten sich wie 8 : 9 : 10 : 12 : 15 : 16, genau wie die entsprechenden Töne in der vierten Oktave der Naturtonreihe (siehe Abb. 5, S. 35). Weiterhin enthält die Tonleiter in reiner Stimmung drei reine Dur-Dreiklänge: **C–E–G**, **F–A–C** und **G–H–D** und auch zwei reine Moll-Dreiklänge: **E–G–H** und **A–C–E**. Solange sich die Musik nur im Bereich Tonika, Subdominante und Dominante bewegt, ergibt diese Tonleiter also sehr harmonische Klänge. Bei Modulationen in entferntere Tonarten treten aber die gleichen Probleme wie bei der pythagoräischen Stimmung auf, weil auch hier der Quintenzirkel sich nicht schließt.

Obwohl der Ursprung der reinen Stimmung in der Antike liegt, ist sie auch heute noch von Bedeutung. Wenn Instrumente miteinander musizieren, deren Tonhöhe in jedem Augenblick angepasst werden kann, werden die Spieler anstreben, reine Intervalle untereinander einzustellen, weil es so am besten klingt. Das gilt zum Beispiel für ein Streichquartett, bei dem die Musiker die momentane Tonhöhe variieren können, abgesehen vom Spiel auf den leeren Saiten.

Für das Problem des sich nicht schließenden Quintenzirkels und der unterschiedlichen großen Sekunden hat es im Verlauf der Musikgeschichte verschiedene Lösungsansätze gegeben. Einer davon ist die sogenannte MITTELTÖNIGE STIMMUNG. Wie die Bezeichnung andeutet, verwendet sie einen mittleren Ganzton, der zwischen den Werten $9/8$ und $10/9$ liegt. Gleichzeitig weist sie reine große Terzen mit dem

Frequenzverhältnis $5/4$ auf, entsprechend dem Wunsch der Musiker im 15. und 16. Jahrhundert nach dem perfekten Wohlklang dieses Intervalls. Sie wurde zuerst von Pietro Aron Anfang des 16. Jahrhunderts beschrieben. Eine Möglichkeit zur Konstruktion einer mitteltönigen Skala besteht darin, dass man von der reinen Terz **C–E** ausgeht und die Quinte so anpasst, dass vier übereinandergestellte Quinten die gleiche Tonhöhe ergeben wie zwei Oktaven plus eine Terz. Wenn wir die Größe der angepassten Quinte mit Q bezeichnen, muss daher gelten: $Q^4 = 2 \cdot 2 \cdot 5/4 = 5$, oder $Q = \sqrt[4]{5} \approx 1{,}4953488$.

Man kann auch auf einem anderen Weg zum gleichen Ergebnis kommen, indem nämlich die Quinte um ein Viertel des sogenannten didymischen Kommas ($81/80$) verkleinert wird. Die mitteltönige Quinte entspricht demnach dem Frequenzverhältnis $(3/2) : \sqrt[4]{(81/80)} = \sqrt[4]{5}$. Aus diesem Grund wird die hier als Beispiel einer mitteltönigen Stimmung verwendete Möglichkeit als „¼-Komma-Stimmung" bezeichnet. Die folgende Tabelle zeigt das Ergebnis der Berechnung der ¼-Komma-Stimmung, wobei die Wurzeln durch die entsprechenden gebrochenen Exponenten(14) ersetzt sind.

C		$\mathbf{D}_M$		$\mathbf{E}_M$		$\mathbf{F}_M$		$\mathbf{G}_M$		$\mathbf{A}_M$		$\mathbf{H}_M$		**C**
1		$5^{1/2}/2$		$5/4$		$2/5^{1/4}$		$5^{1/4}$		$5^{3/4}/2$		$5^{5/4}/4$		2
	$5^{1/2}/2$		$5^{1/2}/2$		$8/5^{5/4}$		$5^{1/2}/2$		$5^{1/2}/2$		$5^{1/2}/2$		$8/5^{5/4}$	

Alle Intervalle außer der Oktave und der großen Terz sind bei dieser Stimmung nicht mehr durch rationale Zahlen, also als Brüche ganzer Zahlen darstellbar, sondern enthalten Wurzeln; es handelt sich um irrationale Zahlen. Die Quinte der mitteltönigen

Stimmung ($5^{1/4} \approx 1{,}4953488$) ist deutlich kleiner als die reine Quinte ($3/2 = 1{,}5$). Als Folge sind zwölf mitteltönige Quinten ($5^{12/4} = 125$) auch kleiner als sieben Oktaven ($2^7 = 128$). Wie bei der reinen Stimmung schließt sich daher auch hier der Quintenzirkel nicht. Meist hat man die verbleibende unsaubere WOLFSQUINTE zwischen die Töne **Gis** und **Es** gelegt, weil sie dort relativ wenig stört. Für den Hörer ist der Klangeindruck von in mitteltöniger Stimmung aufgeführter Musik sehr angenehm, solange die Tonart sich nicht zu weit von C-Dur entfernt. Ab drei bis vier Vorzeichen treten aber deutliche Schärfen auf, so dass die entsprechenden Tonarten sehr charakteristisch werden und daher von den Komponisten nur in besonderen Fällen eingesetzt wurden, zum Beispiel um starke Affekte auszudrücken.

Im 17. und 18. Jahrhundert gab es weitere Vorschläge zur Schließung des Quintenzirkels, um auch entfernte Tonarten auf Tasteninstrumenten akzeptabel spielen zu können. Man versuchte nunmehr, das überschüssige pythagoräische Komma in kleinere Portionen aufzuteilen. Man verstimmte also bewusst mehrere Quinten um so die eine Wolfsquinte zu vermeiden. In der Praxis hat man statt mit dem pythagoräischen mit dem didymischen Komma gerechnet, was aber nur einen geringen Unterschied ausmacht. Die bekanntesten Stimmungen dieser Art gehen auf Andreas Werckmeister (1645–1706) zurück. Hier als Beispiel eine C-Dur-Tonleiter, bei der die Quinten **F–C** und **A–E** rein, die Quinten **C–G**, **G–D** und **D–A** um ein Viertel Komma verkleinert, und die Quinte **E–H** um ein halbes Komma vergrößert sind.

C		D_W		E_W		F_W		G_W		A_W		H_W		C
1		$5^{1/2}/2$		$5^{3/4}\cdot 3/8$		$4/3$		$5^{1/4}$		$5^{3/4}/2$		$5^{1/4}\cdot 81/64$		2
	$5^{1/2}/2$		$5^{1/4}\cdot 3/4$		$5^{-3/4}\cdot 32/9$		$5^{1/4}\cdot 3/4$		$5^{1/2}/2$		$5^{-1/2}\cdot 81/32$		$5^{-1/4}\cdot 128/81$	

Nach und nach hat sich hat sich dann die gleichschwebend-temperierte Stimmung durchgesetzt, bei der die Oktave in zwölf gleiche Halbtöne geteilt ist und ein Ganzton aus zwei Halbtönen besteht. Ein Halbton entspricht demnach einem Frequenzverhältnis von $\sqrt[12]{2} = 2^{1/12} \approx 1{,}0594631$, ein Ganzton $2^{1/6} \approx 1{,}1224621$. Die C-Dur-Skala in gleichschwebend-temperierter Stimmung ist in der folgenden Tabelle dargestellt.

C		D_T		E_T		F_T		G_T		A_T		H_T		C
1		$2^{2/12}$		$2^{4/12}$		$2^{5/12}$		$2^{7/12}$		$2^{9/12}$		$2^{11/12}$		2
	$2^{1/6}$		$2^{1/6}$		$2^{1/12}$		$2^{1/6}$		$2^{1/6}$		$2^{1/6}$		$2^{1/12}$	

In dieser Stimmung gibt es außer der Oktave kein reines Intervall. Größere Unterschiede zur reinen Stimmung treten aber nur bei Terzen und Sexten auf. Der große Vorteil ist jedoch, dass alle Tonarten gleich klingen, weil keine Unterschiede zwischen gleichnamigen Intervallen existieren. Diese Vereinheitlichung wurde durch den Übergang von „schönen" ganzen Zahlen und daraus gebildeten Brüchen zu irrationalen Wurzeln erreicht, so dass Berechnungen von Frequenzen und Frequenzverhältnissen nicht mehr mit den Grundrechenarten allein durchgeführt werden können. Die meisten Menschen haben sich inzwischen so an die temperierte Stimmung gewöhnt, dass sie die temperierten Terzen und Sexten nicht mehr als unrein empfinden. Beim Musizieren in der historisch informierten

Praxis benutzt man aber wieder die historischen Stimmungen.

Im Zusammenhang mit der gleichschwebend-temperierten Stimmung ist von A. J. Ellis (1814–1890) das CENT-Maß eingeführt worden. Ein Cent entspricht einem hundertstel Halbton, also $\sqrt[1200]{2} = 2^{1/1200} \approx 1{,}0005778$; eine Oktave entspricht also 1200 Cent. Die Größe des Cent ist so gewählt, dass sie in etwa dem kleinsten gerade noch wahrnehmbaren Tonhöhenunterschied entspricht. Die Cent-Skala ist ein logarithmisches Maß, die zu einem Frequenzverhältnis f_2/f_1 gehörende Anzahl Cents berechnet sich nach der Formel:

$$\text{Anzahl Cents} = (1200/\lg 2) \cdot \lg(f_2/f_1) \approx 3986{,}3137 \cdot \lg(f_2/f_1).$$

Da die Cent-Skala aus dem Logarithmus des Frequenzverhältnisses gebildet wird, ist mit ihr die Bildung einer „Summe" oder „Differenz" zweier Intervalle wesentlich vereinfacht. Statt die Frequenzwerte miteinander zu multiplizieren beziehungsweise durcheinander zu dividieren, müssen nur die entsprechenden Cent-Zahlen addiert beziehungsweise voneinander subtrahiert werden. Darüber hinaus ist an den Cent-Werten auch viel schneller zu erkennen, welcher Ton von zweien der höhere ist. Zum Beispiel wird die pythagoräische Quinte durch die Zahl $3/2$, die mitteltönige durch $5^{1/4}$ dargestellt. Welche von diesen beiden Zahlen die größere ist, erfährt man erst nach der Bildung der vierten Wurzel aus fünf. Dagegen zeigen die entsprechenden Cent-Zahlen 702,0 beziehungsweise 696,6 auf einen Blick, dass die pythagoräische Quinte um 5,4 Cent größer ist als die mitteltönige.

Die folgende Tabelle fasst die auf eine Stelle nach dem Komma berechneten Cent-Werte der C-Dur-Tonleiter in fünf verschiedenen Stimmungen zusammen.

	C	D	E	F	G	A	H	C
Temperiert	0	200	400	500	700	900	1100	1200
Rein	0	203,9	386,3	498,0	702,0	884,4	1088,3	1200
Pythagoräisch	0	203,9	407,8	498,0	702,0	905,9	1109,8	1200
Mitteltönig	0	193,2	386,3	503,4	696,6	889,7	1082,9	1200
Werckmeister	0	193,2	391,7	498,0	696,6	889,7	1104,4	1200

Bezogen auf die reine Stimmung sind vor allem die Terz **E** und die Sext **A** der temperierten Stimmung deutlich verändert. Die Terz ist 13,7 Cent und Sext sogar 15,6 Cent zu hoch, das entspricht ungefähr einem Siebtel beziehungsweise einem Sechstel eines Halbtons. Bei den übrigen Tönen sind die Differenzen geringer.

Mit Hilfe der Cent-Skala sind auch die weiteren Unterschiede zwischen den verschiedenen Stimmungen einfach darzustellen. Hier einige Beispiele:

	Komma	**Halbton**	**Ganzton**	**Terz**	**Quinte**	**Sexte**
Temperiert		100	200	400	700	900
Rein		111,7		386,3	702,0	884,4
Pythagoräisch	23,5	90,2		407,8	702,0	905,9
Didymisch	21,5					
Mitteltönig			193,2	386,3	696,6	889,7
Werckmeister				391,7	696,6	889,7
Klein			182,4			
Groß			203,9			

Abbildung 28 veranschaulicht die Tonhöhenunterschiede im Bereich der Sexte, die vier verschiedenen Werte des Tons **A** bezogen auf **C** in temperierter, reiner, pythagoräischer, mitteltöniger und Werckmeister-Stimmung (die beiden letzteren stimmen an diesem Punkt überein), dazu die Positionen der „unreinen“ Naturtöne N13 und N14 auf der Cent-Skala zwischen 800 Cent (temperiert G#) und 1000 Cent (temperiert B).

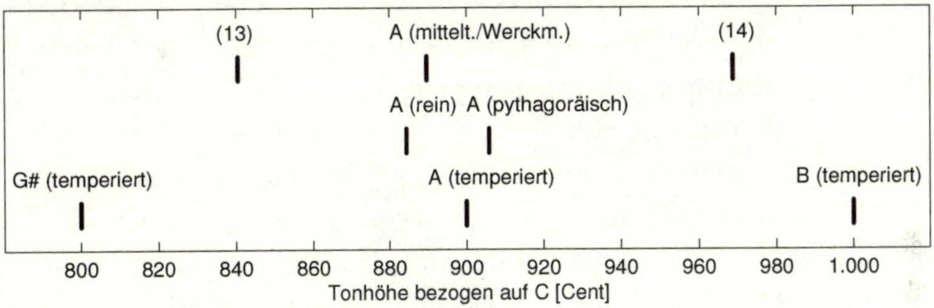

Abb. 28 Umgebung des Tons **A**

Außer der Temperierung der Quinte – ihrer Verkleinerung von 702,0 Cent auf exakt 700 Cent – gibt es noch eine Möglichkeit, den Quintenzirkel zu schließen, die aber bisher wenig diskutiert worden ist. Man kann alternativ auch die Oktaven leicht vergrößern, so dass sieben neue Oktaven zwölf reinen Quinten entsprechen. Dann müsste gelten: (neue Oktave)$^7 = (3/2)^{12}$. Sieben neue Halbtöne entsprächen weiterhin einer Quinte, daraus folgt: (neuer Halbton)$^7 = 3/2$, beziehungsweise neuer Halbton $= (3/2)^{1/7} \approx 1{,}059634$ entsprechend 100,3 Cent. Mit dieser auf reinen Quinten basierenden Stimmung ergibt sich für die C-Dur-Tonleiter:

C	$\mathbf{D_Q}$	$\mathbf{E_Q}$	$\mathbf{F_Q}$	$\mathbf{G_Q}$	$\mathbf{A_Q}$	$\mathbf{H_Q}$	$\mathbf{C_Q}$
1	$(3/2)^{2/7}$	$(3/2)^{4/7}$	$(3/2)^{5/7}$	$3/2$	$(3/2)^{9/7}$	$(3/2)^{11/7}$	$(3/2)^{12/7}$
0	200,6	401,1	501,4	702,0	902,5	1103.1	1203,4

Hier sind die kritischen Terzen und Sexten verglichen mit der gleichschwebend temperierten Stimmung noch geringfügig gegenüber der reinen Stimmung weiter erhöht, alle Quinten sind aber exakt rein. Die um 3,4 Cent vergrößerte Oktave wird in der Praxis gut akzeptiert. Das zeigen psychoakustische Experimente und die sogenannte optimale Stimmung eines Klaviers, bei der alle Oktaven bis auf die beiden äußersten am oberen beziehungsweise unteren Ende der Tastatur um etwa 3 Cent gespreizt sind. Wenn Streicher und Bläser mit einem so gestimmten Klavier zusammenspielen, werden sie ihre Tonhöhen denen des Klaviers anpassen. Sie spielen in diesem Fall also ebenfalls in einer Stimmung mit gespreizten Oktaven und reinen Quinten. Diese Spreizung wird gewöhnlich mit der ANHARMONIZITÄT der relativ dicken Klaviersaiten erklärt. Daneben scheint aber auch der genannte psychoakustische Effekt eine Rolle zu spielen, dass nämlich das Gehör leicht vergrößerte Oktaven bevorzugt. Die Anharmonizität alleine würde eine mit der Frequenz quadratisch anwachsende Erhöhung der Obertöne bewirken, die Vergrößerung der Oktaven bleibt aber über den größten Teil des Tonumfangs eines Klaviers konstant bei etwa 3 Cent. Lediglich innerhalb der höchsten und tiefsten Oktave nimmt die Spreizung stärker zu. Dort kommt offenbar die Anharmonizität der Saiten stärker zum Tragen. Die hier beschriebene temperierte Stimmung mit reinen Quinten und entsprechend vergrößerten Oktaven stimmt jedenfalls mit der experimentell gefundenen Stimmung von Klavieren ziemlich genau überein.

14. Ein Schritt zur Realität: gedämpfte und andauernde Schwingungen

Im dritten Kapitel hatten wir als einfachstes schwingungsfähiges Gebilde den harmonischen Oszillator vorgestellt, der aus einer an einer Feder befestigten Masse besteht. Wenn man diese idealisierte Vorrichtung einmal in Schwingung versetzt hat, schwingt sie beliebig lange weiter. Bei realen schwingenden Objekten klingt die Schwingung jedoch nach und nach ab, wenn man sie nicht irgendwie aufrecht erhält.

Zum Beispiel verklingt der Ton eines Klaviers nach dem Anschlag, während eine Geige weiter klingt, solange sie gestrichen wird. Das Nachlassen einer Schwingung kommt dadurch zustande, dass der Bewegung auf irgendeine Weise Energie entzogen wird – das ist bei der Modellvorstellung des harmonischen Oszillators nicht vorgesehen.

In allen praktischen Fällen treten aber Energieverluste auf, zum Beispiel durch Reibung einer schwingenden Saite an der sie umgebenden Luft. Die Reibung bewirkt eine bremsende Kraft, die proportional zur Geschwindigkeit ist, der ersten Ableitung des Ortes nach der Zeit. Während die Bewegungsgleichung des harmonischen Oszillators $m \cdot x'' + k \cdot x = 0$ lautet (siehe auch S. 24), in der x nur als zweite Ableitung und unverändert vorkommt, muss ein weiteres zur ersten Ableitung von x proportionales Glied $r \cdot x'$ in die Gleichung eingefügt werden, um die Reibungskraft zu berücksichtigen, wobei die Konstante r die Stärke der Reibung beschreibt:

$$m \cdot x'' + r \cdot x' + k \cdot x = 0.$$

Die Lösungen dieser Gleichung sind im Allgemeinen kompliziert, hier sollen nur zwei einfach zu beschreibende Sonderfälle betrachtet werden. Der erste ist die Bewegung bei starker Dämpfung (wenn die Konstante r groß genug ist). In diesem Fall kommt keine Schwingung zustande. Nach der Auslenkung bewegt sich die Masse langsam zur Ruhelage zurück, ohne diese zu erreichen. Man kann sich dieses Verhalten veranschaulichen, indem man sich Feder und Masse in eine sehr zähe Flüssigkeit eingebettet vorstellt.

Für die Musik ist dagegen der Fall schwacher Dämpfung von Bedeutung. Hier verringert sich die Amplitude der Schwingung allmählich, während die Frequenz gegenüber dem ungedämpften Fall kaum verändert ist, sie ist nur geringfügig niedriger. Dieser Fall ist in Abbildung 29 dargestellt.

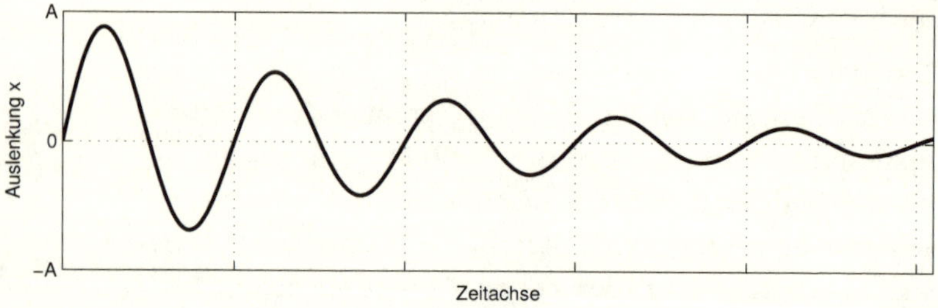

Abb. 29 Gedämpfte Schwingung

Im Vergleich zu dem Fall der in Abbildung 2 (S. 26) gezeigten ungedämpften Schwingung ergibt sich hier ein ganz ähnliches Bild, lediglich die Schwingungsweite nimmt nach und nach ab. Die Auslenkung verringert sich von Mal zu Mal um den gleichen Faktor.

Außer durch Reibung an der Luft und Übertragung an die Luft wird der Schwingung von Saiten noch weitere Energie dadurch entzogen, dass diese bei den meisten Saiteninstrumenten mit einem Resonanzkörper oder -boden verbunden sind. Das hat den Sinn, die Lautstärke des Instruments zu erhöhen, indem die Schwingung effektiver auf den Resonanzkörper und von diesem auf die umgebende Luft übertragen wird. Die so entstehende Dämpfung darf aber im Fall von geschlagenen oder gezupften, also nur kurzzeitig angeregten Saiten nicht zu stark sein, weil sonst ihr Ton zu schnell verklingen würde.

Bei elektrischen Instrumenten lässt sich dieses Problem leicht umgehen: E-Gitarren zum Beispiel weisen sehr wenig Dämpfung auf, weil die Saiten ziemlich starr am Korpus befestigt sind. Dieser dient nur als mechanische Halterung, nicht außerdem als Resonanzkörper. Die Schwingung der Saiten wird über elektromagnetische Tonabnehmer in ein elektrisches Signal umgewandelt, verstärkt und über Lautsprecher abgestrahlt. Weil so nur sehr wenig Energie der Saitenschwingung entzogen wird, können die Töne einer E-Gitarre sehr lange nachschwingen. Dieser Effekt wird von den Gitarristen der U-Musik oft wirkungsvoll ausgenutzt.

Die Schlag- und Zupfinstrumente geben auf Grund der unvermeidlichen Dämpfung immer mehr oder weniger schnell abklingende Töne ab. Allerdings kann man durch sehr schnell aufeinander folgendes Anschlagen beziehungsweise Zupfen lange Töne simulieren. Das geschieht zum Beispiel bei einem Paukenwirbel oder beim Tremolo einer Mandoline. Im Gegensatz dazu können die Streich- und Blasinstrumente auch lang andauernde Töne mit konstanter oder sogar zunehmender Lautstärke erzeugen. Dazu muss die Schwingung andauernd immer wieder angestoßen werden. Mit anderen Worten, es muss ihr so viel Energie kontinuierlich zugeführt werden, dass der durch die Dämpfung entstehende Energieverlust ausgeglichen beziehungsweise überkompensiert wird. Bei den Streichinstrumenten geschieht dies dadurch, dass die mit KOLOPHONIUM bestrichenen Haare des Bogens die Saite ein Stück mitziehen, bis die zunehmende Rückstellkraft so groß wird, dass die Saite nicht mehr am Kolophonium haftet. Sie schnellt dann zurück und wird vom sich weiter bewegenden Bogen erneut mitgenommen, sobald sich ihre Bewegung wieder umkehrt. Dieser Vorgang wiederholt sich so lange, bis der Streicher die Strichrichtung wechselt, oder bis das Ende des Bogens erreicht ist. Durch Anstreichen mit einem Bogen können also keine beliebig lange Töne erzeugt werden. Anders bei einer Drehleier: ihre Saiten werden von einem sich drehenden, an seinem Umfang mit Harz bestrichenen Rad mitgenommen.

Bei den Flöten erfolgt das andauernde Anstoßen der Schwingung dadurch, dass der vom Bläser erzeugte Luftstrom an einer scharfen Kante ins Flattern gerät und so abwechselnd zu einem größeren und einem kleineren Teil in die Bohrung des Instruments gelangt. Der richtige Augenblick zum Anstoßen der Schwingung stellt sich dabei automatisch ein, weil die in der Bohrung schwingende Luftsäule auf die Flatterbewegung zurückwirkt.

Bei den anderen Blasinstrumenten wird die Schwingung dadurch aufrechterhalten, dass sich eine Art Ventil im richtigen Augenblick öffnet und schließt. Zu diesem Zweck haben die Holzblasinstrumente (außer den eben genannten Flöten) ein Mundstück mit einem einfachen oder doppelten Rohrblatt, während das Ventil bei den Blechblasinstrumenten von den an das Mundstück gepressten Lippen des Bläsers gebildet wird. Auch hier wird die schwingende Luftsäule gerade im rechten Moment angestoßen, um die Schwingung in Gang zu halten. Die komplizierten Vorgänge an den Mundstücken der Holz- und Blechblasinstrumente zu erklären, würde hier zu weit führen, ist aber in der angegebenen Literatur zu finden.

Natürlich können auch die meisten Bläser nicht beliebig lange Töne erzeugen, schließlich ist einmal der Atem zu Ende. Es gibt aber eine Methode, diese Begrenzung mithilfe der sogenannten Zirkularatmung zu überwinden. Dabei bläst man mit dem im Mundraum gespeicherten Luftvolumen weiter, während man durch die Nase einatmet. Das ist nicht ganz einfach zu lernen! Unbegrenzt lange Töne kann dagegen die Orgel abgeben, solange die KALKANTEN durchhalten beziehungsweise die elektrische Pumpe läuft. Das gleiche gilt auch für die elektronischen Musikinstrumente – solange nicht der Strom ausfällt.

15. Erzwungene Schwingungen: Resonanz

In diesem Kapitel soll es um die sogenannte Resonanz gehen, einen Begriff, der in einem übertragenen Sinn zum Beispiel auch auf die Wirkung einer Rede angewandt wird. In der Akustik bezeichnet man mit Resonanz die Bewegung eines Objekts, das mit einem anderen schwingenden Objekt lose gekoppelt ist und dadurch zum Mitschwingen angeregt wird. Zum Beispiel benutzen fast alle Saiteninstrumente Resonanzböden oder -körper, um ihren Klang zu verstärken. Auch hier werden wir nur eine abstrakte Modellvorstellung betrachten, die mit verhältnismäßig einfachen Mitteln mathematisch behandelt werden kann, um die Vorgänge bei der Resonanz quantitativ zu beschreiben.

Unser Modell besteht aus einem harmonischen Oszillator, dem in Kapitel 3 behandelten einfachsten schwingungsfähigen Gebilde, dessen Masse über eine schwache Feder mit einem Schwingungserzeuger verbunden ist. Das kann zum Beispiel eine Art Kurbeltrieb sein, wie es in Abbildung 30 angedeutet ist.

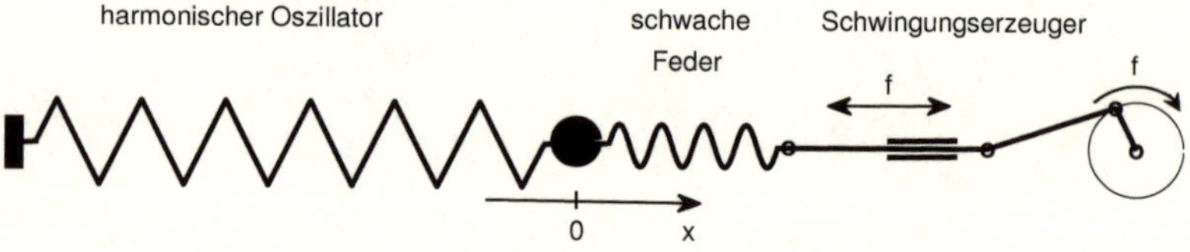

Abb. 30 Harmonischer Oszillator gekoppelt mit Schwingungserzeuger

Der Schwingungserzeuger besteht hier aus einer Kurbel, die an einer rotierenden Achse befestigt ist, und die über eine Pleuelstange eine verschiebbare Stange hin und her bewegt. Wenn sich die Achse mit der Frequenz f dreht, vollführt die Stange eine geradlinige Hin- und Her-Bewegung mit der gleichen Frequenz. Wie verhält sich nun der harmonische Oszillator, dessen eigene Schwingungsfrequenz f_R sein soll, wenn der Schwingungserzeuger mit der variablen Frequenz f betrieben wird? Es ist dabei vorausgesetzt, dass die dünne Feder viel schwächer ist als die des harmonischen Oszillators, und dass letzterer schwach gedämpft ist, zum Beispiel durch Reibung an der Luft. Für diesen Fall kann man die folgende Gleichung aufstellen:

$$m \cdot x'' + r \cdot x' + k \cdot x = s \cdot \sin(\omega t).$$

Die linke Seite dieser Gleichung entspricht der Bewegungsgleichung eines gedämpften harmonischen Oszillators, die rechte beschreibt den Schwingungserzeuger, wobei die Konstante s die Stärke der Anregung darstellt, die wiederum von dessen Amplitude und von der Stärke der dünnen Feder abhängt. Die Größe ω ist die zur Frequenz f gehörende Kreisfrequenz: $\omega = 2\varpi f$. Die Rechnung zur Lösung dieser Gleichung wird hier wieder übersprungen; für die Amplitude des Oszillators ergibt sich als Funktion der Frequenz f des Schwingungserzeugers das in Abbildung 31 dargestellte Bild:

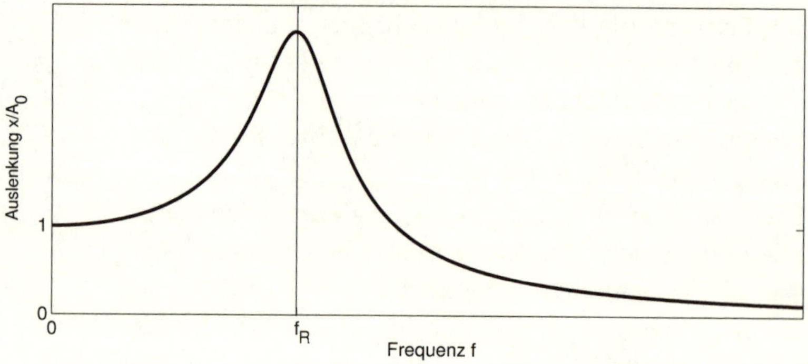

Abb. 31 Amplitude eines Oszillators mit der Eigenfrequenz f_R, der mit der Frequenz f angeregt wird

Bei sehr niedrigen Frequenzen – exakt bei $f=0$ – schwingt der Oszillator mit einer kleinen Amplitude A_0. Mit steigender Frequenz wächst auch die Amplitude an, bis sie bei f_R, der Eigenfrequenz des Oszillators, ein Maximum erreicht. Wie gezeigt, kann die Auslenkung ein Vielfaches von A_0 betragen. Dieses maximale Mitschwingen wird als Resonanz bezeichnet, die entsprechende Frequenz als Resonanzfrequenz. An dieser Stelle ist es wichtig, dass der Oszillator gedämpft ist: wenn er das nicht wäre, würde seine Amplitude bei f_R immer weiter anwachsen, bis er zerstört wird. Diesen Vorgang nennt man RESONANZKATASTROPHE. Zum Glück hat jeder reale Oszillator ein gewisses Maß an Dämpfung, so dass es meist nicht zu der genannten Katastrophe kommt. Tatsächlich gelingt manchen Sängern das Kunststück, ein Glas zu zersingen, indem sie es leicht anschlagen und dann den gehörten Ton mit voller Lautstärke in das Glas hinein singen. Wenn die Anregungsfrequenz über die Eigenfrequenz f_R anwächst, nimmt die Amplitude der Schwingung des Oszillators wieder ab, sie wird für beliebig hohe

Frequenzen beliebig klein. In der Sprache der Mathematik ausgedrückt geht sie gegen Null.

Neben der durch die Amplitude gegebenen Stärke der Schwingung unseres Oszillators ist auch die zeitliche Beziehung zwischen der Bewegung des Schwingungserzeugers und der des Oszillators von Interesse. Sie wird durch den sogenannten PHASENWINKEL ausgedrückt, das ist bei zwei Sinusschwingungen $\sin(\omega t)$ und $\sin(\omega t+\phi)$ der Winkel ϕ. Trägt man diesen Winkel ϕ für die Schwingung des Oszillators bezogen auf die Bewegung des Schwingungserzeugers als Funktion der Frequenz f auf, so erhält man den in Abbildung 32 gezeigten Verlauf.

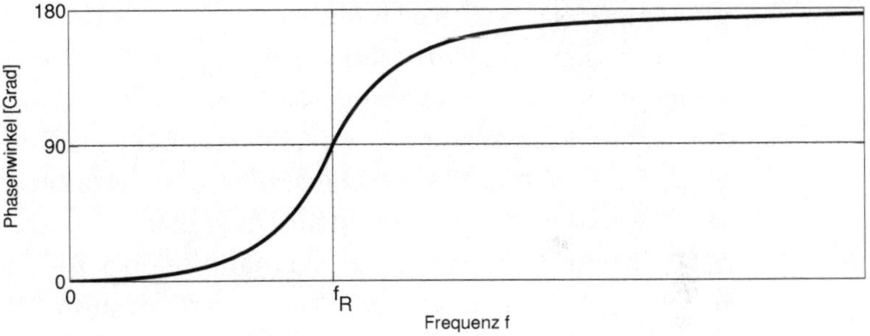

Abb. 32 Phasenwinkel ϕ als Funktion von f

Bei kleinen Frequenzen – wieder exakt bei $f=0$ – ist auch der Phasenwinkel Null, das heißt, dass sich Schwingungserzeuger und angeregter Oszillator immer in gleicher Richtung hin und her bewegen. Mit steigender Frequenz nimmt ϕ immer größere Werte an. Das bedeutet, dass die Bewegung des Oszillators immer mehr hinter der des Schwingungserzeugers herhinkt. Bei der Resonanzfrequenz f_R beträgt ϕ gerade 90° beziehungsweise $\pi/2$; dann ist die Amplitude zu dem Zeitpunkt maximal, in dem die anregende Bewegung durch ihren Nullpunkt geht und ihre maximale Geschwindigkeit erreicht. In diesem Fall wird auch die maximale Energie vom Schwingungserzeuger auf den Oszillator übertragen. Wenn die Frequenz f noch weiter steigt, nimmt der Betrag von ϕ weiter zu, bis er bei sehr hohen Frequenzen den Wert 180° oder π erreicht. In diesem Fall bewegen sich Oszillator und Schwingungserzeuger „gegenphasig", das heißt, sie bewegen sich im gleichen Takt, aber stets in entgegengesetzter Richtung.

Kurz gefasst bedeutet Resonanz also, dass eine schwingungsfähige Anordnung maximal in Schwingung versetzt wird, wenn sie mit ihrer eigenen Schwingungsfrequenz angeregt wird.

Bei vielen Musikinstrumenten werden Resonanzphänomene mit Absicht eingesetzt. So ist jeder Klangstab eines Marimbaphons mit einer auf seinen Ton abgestimmten einseitig geschlossenen Resonanzröhre versehen, die diesen Ton deutlich verstärkt (siehe S. 61). Komplizierter sind die Verhältnisse bei Saiteninstrumenten mit einem Resonanzboden wie zum Beispiel beim Klavier oder Cembalo. Hier soll der Resonanzboden bei allen Saiten des gesamten Tonumfangs mitschwingen, ohne einzelne Teile hervorzuheben. Er darf daher keine zu stark ausgeprägten Eigenresonanzen besitzen, sondern sollte möglichst viele dicht beieinander liegende Resonanzfrequenzen aufweisen. Das Gleiche gilt auch für den Korpus einer Geige und ihrer Verwandten. Die Qualität eines Streichinstruments bemisst sich auch danach, wie gleichmäßig alle Töne verstärkt werden. Die von Instrumentenbauern empirisch gefundene Form des Korpus erfüllt diese Forderung offensichtlich besonders gut. Decke und

Boden eines Geigenkorpus werden gezielt so angefertigt, dass sie verschiedene Eigenfrequenzen aufweisen. Eine weitere Resonanz entsteht durch das im Korpus eingeschlossene Luftvolumen, das über die *f*-Löcher mit der Außenluft in Verbindung steht. Im Zusammenwirken diesen verschiedenen Resonanzen kommt der mehr oder weniger gute Klang des Instruments zustande. Außer auf die Lautstärke eines Musikinstruments haben Resonanzen auch Einfluss auf seine Klangfarbe. Zum Beispiel klingt ein Klavierton bei getretenem Pedal nicht nur lange nach, er wird auch deutlich „fülliger", weil dann die Filzdämpfer von allen Saiten abgehoben sind und das Mitschwingen von vielen Saiten erlauben, deren Frequenzen zu dem gespielten Ton und seinen Obertönen passen. Manche Instrumente wie das Baryton oder die Laute sind auch mit speziellen Resonanzsaiten ausgestattet, die beim Spiel auf den Melodiesaiten mitklingen, auch wenn sie nicht gezupft oder gestrichen werden.

16. Der Weg zum Ohr: Schallausbreitung, Raumakustik

Dieses Kapitel beschäftigt sich mit der Frage, wie die Musik vom Instrument zu unserem Ohr gelangt, oder physikalisch ausgedrückt, wie sich der Schall ausbreitet.

Wirklich einfach ist dieser Vorgang nur im freien Raum, wenn sich die Schallquelle weit weg von allen anderen Gegenständen befindet. Dazu müsste die Schallquelle frei schwebend in einem beliebig großen Raum angebracht sein, am besten im Weltraum (dort fehlt allerdings die zur Schallausbreitung notwendige Luft). Annähernd ist ein freier Raum verwirklicht, wenn der Schall von der Spitze eines hohen dünnen Mastes ausgeht. Dann breiten sich die Schallwellen kugelförmig aus, das heißt gleichmäßig in alle Raumrichtungen. Bei dieser Anordnung lässt sich immerhin die Abnahme des SCHALLDRUCKS mit der Entfernung von der Schallquelle einfach berechnen. Weil sich die gesamte SCHALLENERGIE hier gleichmäßig auf eine Kugeloberfläche verteilt, deren Größe proportional zum Quadrat des Kugelradius ist, nimmt die Schallenergie pro Fläche mit dem Quadrat der Entfernung von der Quelle ab. Die Energie nimmt wiederum proportional zum Quadrat des Schalldrucks zu. Infolgedessen wird der Schalldruck proportional zum Kehrwert des Abstands von der Schallquelle, also zum Beispiel bei doppeltem Abstand halb so groß. Doch Musik wird normalerweise nicht auf den Spitzen hoher dünner Masten gemacht, sondern meist in

Räumen, seltener im Freien; immer sind also andere Gegenstände in der Nähe – zumindest der Boden.

Wenn Schallwellen, also Luftschwingungen, auf einen Gegenstand treffen, können drei Effekte einzeln oder in Kombinationen auftreten: Sie können reflektiert werden wie das Licht an einem Spiegel, sie können zerstreut werden wie Licht an einer rauen Oberfläche, oder sie können absorbiert werden, also verschwinden wie Licht an einer schwarzen Wand. Die besten Reflektoren für Schallwellen sind ebene, harte Flächen, zum Beispiel Betonwände. Eine Voraussetzung ist dabei, dass die Abmessungen der reflektierenden Fläche größer sind als die Wellenlänge des Schalls. Die unserem Hörbereich entsprechenden Wellenlängen liegen grob gerechnet zwischen 2 cm für die höchsten und 20 m für die tiefsten Töne (siehe Kapitel 3). Daraus folgt, dass tiefe Töne zur Reflexion große Flächen benötigen, während hohe Töne auch von kleineren Flächen gut reflektiert werden. Wenn Schall auf einen Gegenstand trifft, der zu klein für die Reflexion ist, wird er gestreut, das heißt, in verschiedene Richtungen abgelenkt. In diesem Fall gelangt der Schall auch um den Gegenstand herum in dessen Schatten. Streuung tritt auch auf, wenn die Wellen auf zerklüftete Oberflächen treffen, zum Beispiel Wände mit vielen Vertiefungen und Vorsprüngen. Als Absorber insbesondere für hohe Töne wirken weiche und/oder poröse Materialien wie beispielsweise Textilien und Polster. Auch vollbesetzte Stuhlreihen in einem Konzertsaal absorbieren Schall in erheblichem Maße. Tiefe Töne werden am besten von schwingungsfähigen Flächen absorbiert, die vor einem sonst geschlossenen Hohlraum angebracht sind. Das ist zum Beispiel bei Holzverkleidungen vor Wandnischen realisiert. Einen idealen Absorber, der die auftreffende Schallenergie vollständig aufnimmt, gibt es nicht. Ein geöffnetes Fenster mit freiem Raum dahinter hat aber den gleichen Effekt. Die Wirkung eines realen Absorbers beschreibt man mit einem sogenannten ABSORPTIONSKOEFFIZIENTEN, der angibt, welcher Bruchteil des Schalls absorbiert wird. Ein solcher Absorptionskoeffizient ist in der Regel stark von der Frequenz des Schalls abhängig, das heißt, hohe und tiefe Töne werden unterschiedlich stark absorbiert.

Ausgehend von diesen Überlegungen kann man die akustische Wirkung von einfachen Anordnungen erklären, die bei verschiedenen musikalischen Situationen vorliegen.

Ein Straßenmusikant stellt sich gerne vor eine Wand, so dass seine Töne den Hörer auf vier Wegen erreichen: direkt (1), durch Reflexion an der Wand (2), durch Reflexion am Boden (3) und über Reflexion an Wand und Boden (4). Dies zeigt Abbildung 33.

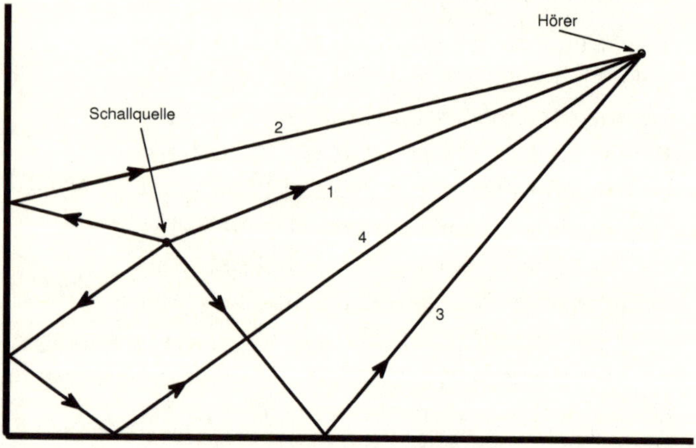

Abb. 33 Akustische Situation eines Straßenmusikanten

Mit dieser Aufstellung erzielt der Musikant eine eindrucksvollere Wirkung durch die erhöhte Lautstärke. Die Reflexionen sorgen auch auf eine andere Weise für einen volleren Klang, weil sie das Ohr des Hörers zeitlich leicht versetzt erreichen, ohne dass ein störendes Echo entsteht. Unser Gehör nimmt nacheinander folgende akustische Ereignisse nur dann getrennt wahr, wenn ihr zeitlicher Abstand mehr als ungefähr 0,03 Sekunden beträgt. In dieser Zeit legt der Schall eine Strecke von etwa 10 m zurück. Ein hörbares Echo ist daher nur zu erwarten, wenn der Musikant sich mehr als 5 m von der Wand entfernt aufstellt, dann ist der Weg (2) um etwa 10 m länger als der direkte Weg (1).

Eine ähnliche Anordnung liegt bei manchen Kurkonzerten vor. Hier spielt das Orchester meist auf einem Podium, über dem ein häufig muschelförmig gestaltetes Dach angebracht ist. Auf diese Weise wird ein größerer Teil des Schalls in Richtung des Publikums reflektiert, so dass die Musik die Kurgäste in ausreichender Lautstärke erreicht. Wenn das Gewölbe des Dachs jedoch ungünstig geformt ist, kann es vorkommen, dass man ein bestimmtes Instrument des Orchesters in einem eng begrenzten Bereich der Stuhlreihen sehr laut hören kann, daneben aber gar nicht. Dieser unerwünschte Effekt hat seine Ursache darin, dass das Dach wie ein Flüstergewölbe wirkt, das den von einem Punkt ausgehenden Schall auf einen anderen Punkt konzentriert, weil es einen Teils eines Rotationsellipsoids bildet. Abbildung 34 zeigt die Wege der Schallwellen in dem beschriebenen Fall.

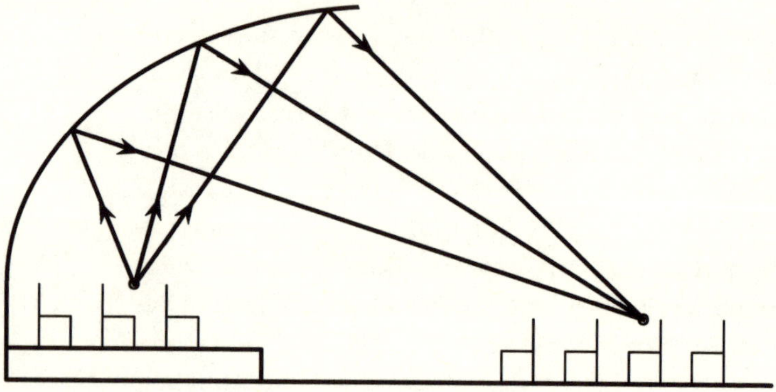

Abb. 34 Konzentration von Schallwellen beim Kurkonzert

Die Form eines Rotationsellipsoids ist bei der Konstruktion eines Gebäudes für Freiluftmusik also möglichst zu vermeiden. Günstiger ist eine Ausführung, die aus mehreren aneinandergesetzten Flächen besteht. Sie führt dazu, dass der Klang der einzelnen Instrumente gemischt wird.

Meist wird Musik, vor allem die sogenannte klassische Musik, in geschlossenen Räumen aufgeführt. In diesem Fall werden die Schallwellen an den Wänden hin und her reflektiert, an Vorsprüngen, Nischen und im Raum befindlichen Gegenständen gestreut und an verschiedenen Stellen absorbiert. Je nach Anordnung und Abmessungen der beteiligten Komponenten können sehr unterschiedliche Effekte auftreten. Eine wichtige Größe ist dabei die sogenannte NACHHALLZEIT. Sie gibt an, wie viel Zeit nach dem Abschalten einer Schallquelle verstreicht, bis man im Raum nichts mehr davon hört. Sehr lange Nachhallzeiten haben die großen romanischen und gotischen Dome. Im Kölner Dom klingt zum Beispiel ein Ton nach seinem Ende noch 13 Sekunden nach. Dadurch verschwimmen für den Hörer aufeinanderfolgende Töne ineinander. Zu diesem

Effekt trägt noch bei, dass in größerer Entfernung von der Quelle, beispielsweise am Ende des Langhauses, nur ein kleiner Teil des Schalls das Ohr auf dem direkten Weg erreicht. Der größte Teil des Klangs wird hingegen mehrfach reflektiert und erreicht seine volle Stärke erfahrungsgemäß etwa nach einem Zwanzigstel der Nachhallzeit, also 0,65 s. Dadurch ist es kaum mehr möglich, im Abstand von 0,5 s gespielte Töne zu erkennen, das sind Viertelnoten bei MM = 120. Es ist daher nicht einfach, in großen Kirchen Musik aufzuführen, bei der schnell aufeinander folgende Noten eine wichtige Rolle spielen. Schließlich setzen manche Komponisten den langen Nachhall großer Räume bewusst ein, um eindrucksvolle Klangeffekte zu erzielen. Dies gilt zum Beispiel für die mehrchörige Konzerte von Giovanni Gabrieli, die von getrennten Emporen im Markusdom aus aufgeführt worden sind. Der lange Nachhall in großen Kathedralen mag wohl auch den Eindruck von Ruhe und Kontemplation gregorianischer Choräle noch verstärken.

*

An dieser Stelle ergibt sich die Frage, wovon die Nachhallzeit abhängt und wie man sie gegebenenfalls beeinflussen kann. Ende des 19. Jahrhunderts hat Wallace Clement Sabine (1863–1919) das Phänomen der Nachhallzeit experimentell untersucht, indem er viele große, gut Schall absorbierende Kissen in einen großen Saal getragen hat und den Nachhall eines Pistolenschusses in Abhängigkeit von der Anzahl der Kissen gemessen hat. Seine Ergebnisse hat er in der folgenden Formel zusammengefasst:

$$T = 0{,}16 \cdot V/A$$

Dabei ist T die Nachhallzeit in Sekunden, V das Volumen des Raums in Kubikmeter, und A die gesamte absorbierende Fläche in Quadratmeter. Unter der gesamten absorbierenden Fläche ist die Summe der einzelnen Flächen zu verstehen, jeweils multipliziert mit dem entsprechenden Absorptionskoeffizienten α. Wenn zum Beispiel zwei Flächen absorbieren, die erste mit 20 m^2 und $\alpha = 0{,}5$, und die zweite mit 15 m^2 und $\alpha = 0{,}4$, so ergibt sich A zu $(20\ m^2 \cdot 0{,}5) + (15\ m^2 \cdot 0{,}4) = 16\ m^2$. Die Nachhallzeit wächst also proportional zum Volumen des Raums – das ist plausibel, wenn man sich an die Werte in großen Kirchen vor Augen hält – und nimmt ab, je mehr absorbierende Flächen vorhanden sind.

Die Nachhallzeit ist die wichtigste Größe, um die „Akustik“ eines Raums zu beurteilen. Bei der Aufführung von Musik bestimmt sie, wie gut und angenehm der Hörer die Töne und Klänge aufnehmen kann. Große Konzertsäle mit anerkannt guter Akustik, wie zum Beispiel der Goldene Saal der Gesellschaft der Musikfreunde in Wien, haben Nachhallzeiten im Bereich von 1,7 bis 2,0 Sekunden. Bei kürzeren Nachhallzeiten wird der Klang als „zu trocken“, bei längeren als „verschwimmend“ empfunden. Der Geschmack des Publikums hat sich jedoch mit der Zeit gewandelt, etwas längerer Nachhall wird neuerdings bevorzugt. Nach der oben angegebenen Formel von Sabine ist es verständlich, dass die Akustik eines Saals auch davon abhängt, wie viele Zuhörer anwesend sind, vor allem, wenn die Sitze nicht gepolstert sind. Idealerweise sollte ein unbesetzter Sitz gerade so viel absorbieren wie ein besetzter. Opernhäuser – und noch mehr Sprechtheater – haben deutlich kürzere Nachhallzeiten im Bereich von 1,1 bis 1,5 Sekunden. Das ist notwendig, um gute Sprachverständlichkeit auch bei schnellem Parlando zu erzielen. Bei Kammermusik ist es wichtig, dass man alle Instrumente auch einzeln hören kann. Aus diesem Grund wird Kammermusik am besten in kleineren Räumen mit kurzer Nachhallzeit aufgeführt, in denen auch Sichtkontakt zu den einzelnen Instrumenten hergestellt werden kann. Dann hat der Schall, der den Hörer auf dem kürzesten Weg erreicht, einen größeren Anteil an der Gesamtlautstärke. Mit Hilfe dieses sogenannten direkten Schalls, der als erster am Ohr eintrifft, kann unser Gehörsinn die Richtung bestimmen, in der sich die Schallquelle befindet. Dadurch wird das Gefühl unterstützt, nahe an der Schallquelle zu sein. Im Festspielhaus in Bayreuth ist eine Anordnung verwirklicht, die genau das Gegenteil bewirkt: Der Orchestergraben ist mit einem Deckel versehen, so dass der Schall nur auf indirekten Wegen zu den Zuhörern gelangen kann. Dadurch erfüllt der Klang den Zuschauerraum, ohne dass man seine Quelle genau orten kann. Für den Hörer ergibt sich ein faszinierendes Klangerlebnis, weil er sich in die Musik vollständig eingebettet fühlt.

Bei der Planung und dem Bau eines Konzertsaals ist es das Ziel, ein ausgewogenes Verhältnis zwischen zu viel und zu wenig ABSORPTION bei allen Frequenzen herzustellen sowie störende Echos und eine Fokussierung des Schalls zu vermeiden. Weil sich die Akustik eines Raums nicht vollständig berechnen lässt, untersucht man meist die zu erwartenden Eigenschaften an einem verkleinerten Modell. Oft stellt es sich aber nach der Fertigstellung des Baus heraus, dass noch Korrekturen erforderlich sind. Dann werden je nach Bedarf weitere absorbierende Flächen oder auch Reflektoren eingebaut, bis der Gesamteindruck die Testhörer zufrieden stellt. In Sälen mit großer Höhe sind manchmal Reflektoren oberhalb des Orchesters angebracht. Sie erfüllen einen doppelten Zweck, indem sie einerseits den Orchesterklang auf kürzerem Weg in die Richtung des Auditoriums lenken und andererseits den akustischen Kontakt zwischen den Gruppen des Orchesters verbessern. Letzteres ist für das präzise Zusammenspiel der Musiker von großer Bedeutung.

Die akustischen Eigenschaften von Sälen, die für verschiedene Veranstaltungen gebraucht werden, müssen wenn möglich den jeweils unterschiedlichen Anforderungen angepasst werden können. Dazu dienen beispielsweise Vorhänge oder eine Hebebühne, mit der das Orchesterpodium angehoben oder abgesenkt werden kann. Der Nachhall kann verstärkt werden, indem Verbindungen zu einem dafür vorgesehenen zusätzlichen Raum geöffnet werden oder indem man ihn mit elektroakustischen Mitteln künstlich erzeugt. Dazu wird die Musik mit Mikrophonen aufgenommen, elektronisch verzögert, und über Lautsprecher wieder abgestrahlt.

17. Schallempfindung: Ohr, Verarbeitung im Gehirn

Zum Schluss wenden wir uns der Frage zu, wie Musik von unserem Gehörsinn aufgenommen und verarbeitet wird. Dabei wird sich herausstellen, dass unser Gehör ganz erstaunliche Fähigkeiten besitzt. Zum leichteren Verständnis betrachten wir aber zunächst ein elektromechanisches Modell unseres Ohrs, das man mit den heutigen technischen Möglichkeiten realisieren könnte. Es ist in Abbildung 35 dargestellt.

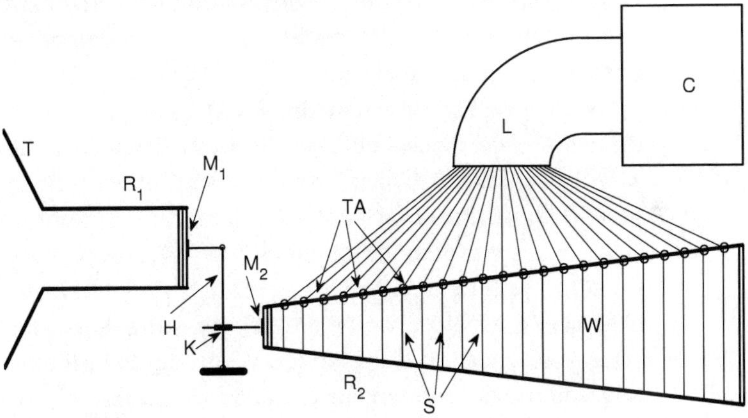

Abb. 35 Elektromechanisches Modell eines Ohrs

An der linken Seite beginnend erkennt man zuerst einen Trichter T, an den sich ein Rohrstück R_1 anschließt. Am Ende dieses Rohrs ist eine Membran M_1 aufgespannt, die über einen Hebel H mit einer weiteren Membran

M_2 verbunden ist. Diese Verbindung ist noch mit einer Rutschkupplung K ausgestattet, die dafür sorgt, dass auf die Membran M_2 keine zu große Kraft übertragen werden kann. Diese Membran M_2 ist an der engeren Öffnung eines konischen Rohres R_2 angebracht, das mit Wasser W gefüllt ist. In dem Rohr R_2 sind Saiten S aufgespannt, deren Länge entsprechend dem Durchmesser von R_2 nach rechts hin zunimmt, vergleichbar einer Harfe. Jede Saite ist mit einem Tonabnehmer TA versehen, der ein elektrisches Signal erzeugt, wenn die Saite schwingt. Die Anordnung aus dem konischen Rohr R_2 und den Saiten S könnte man insgesamt als eine wassergefüllte E-Harfe bezeichnen. Von den Tonabnehmern gehen einzelne Leitungen aus, die in einem Leitungsstrang L zusammengefasst sind und zu einem Computer C führen, der die Signale der Tonabnehmer über ein Interface aufnimmt.

Wenn die Schallwellen eines Klangs auf den Trichter treffen, werden sie über das Rohrstück auf die erste Membran geleitet. Diese wird zu Schwingungen angeregt, die mit dem Hebel auf die zweite Membran übertragen werden. Zu lauter Schall wird durch die Rutschkupplung auf ein bestimmtes Maß begrenzt. Die zweite Membran gibt die Schwingungen an das Wasser im zweiten Rohr weiter. Wenn der Schall eine oder mehrere Frequenzen enthält, die zu den Eigenfrequenzen einer beziehungsweise mehrerer Saite(n) passen, so werden diese durch Resonanz zum Mitschwingen angeregt. Von den Tonabnehmern dieser Saiten gehen Signale aus, so dass der Computer die Information erhält, welche Töne in dem Klang enthalten sind. Dadurch, dass sich die Saiten in Wasser befinden, sind ihre Schwingungen gedämpft. In Kapitel 15 ist das Phänomen der Resonanz erläutert worden, das

Mitschwingen eines Oszillators mit Dämpfung, der von einer anderen Schwingung angeregt wird. Abbildung 31 (siehe S. 104) zeigt, dass dessen Amplitude einen maximalen Wert erreicht, wenn die Anregungsfrequenz mit der Eigenfrequenz des Oszillators übereinstimmt. Er schwingt aber sehr wohl auch mit, wenn er mit einer etwas niedrigeren oder höheren Frequenz angeregt wird. Im Fall unseres Ohrmodells umfassen die Saiten, die merklich in Schwingungen versetzt werden, einen Bereich von etwa sechs Halbtönen, je drei nach oben und unten. Dies ist in Abbildung 36 veranschaulicht.

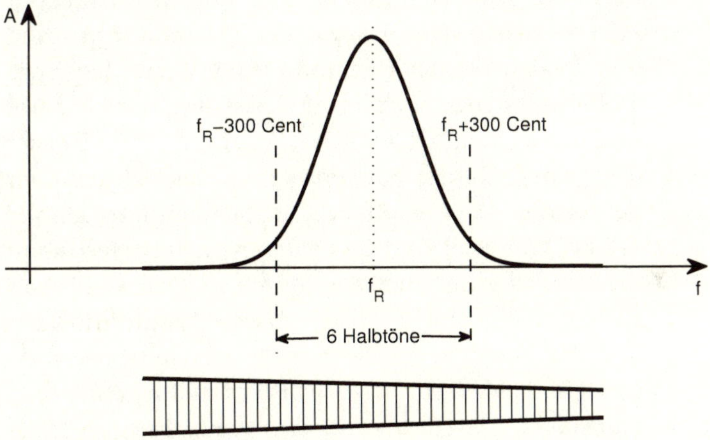

Abb. 36 Reaktion des Ohrmodells auf einen Ton

Mit Hilfe dieser Modellvorstellung kann man plausibel erklären, warum sehr dicht beieinander liegende Töne zu einer Schwebung verschmelzen, Töne mit einem Abstand von mindestens drei Halbtönen voneinander getrennt wahrgenommen werden, und Töne sich bei kleineren Abständen aneinander reiben, so dass eine Dissonanz entsteht.

Nun gehen wir von dem soeben beschriebenen Modell zur viel komplexeren Wirklichkeit des menschlichen Gehörs über. Es ist leicht zu erkennen, welche Komponenten des Modells den Bestandteilen unseres Ohrs entsprechen. Der Trichter T und Rohrstück R_1 stellen offensichtlich die Ohrmuschel und den Gehörgang dar, die zusammen das sogenannte äußere Ohr bilden. Die Ohrmuschel ist jedoch kein einfacher Trichter, sondern weist eine kompliziertere Form auf, die das Richtungshören unterstützt. Der Hebel H mit der Rutschkupplung K bildet die Funktion der drei Gehörknöchelchen Hammer, Amboss und Steigbügel nach, die sich im Mittelohr befinden. Das Mittelohr liegt zwischen dem Trommelfell (Membran M_1) und dem ovalen Fenster (Membran M_2). Wenn das Trommelfell schwingt, wird seine Bewegung mit kleinerer Amplitude, aber größerer Kraft auf das ovale Fenster übertragen. Das ist notwendig, um das sich dahinter befindende Wasser effektiv in Schwingung zu versetzen. Wenn sehr große Lautstärken auftreten, kann die Kraftübertragung aber durch an den Gehörknöchelchen angebrachte, unbewusst betätigte Muskeln begrenzt werden. So kann meist verhindert werden, dass die Haut des ovalen Fensters durch sehr große Lautstärken zerstört wird. Das ovale Fenster bildet den Eingang zum inneren Ohr, das im Modell stark vereinfacht und vergröbert durch das mit Wasser gefüllte Rohr R_2 und die Saiten S mit ihren Tonabnehmern TA dargestellt ist. In Wirklichkeit ist das innere Ohr sehr klein, das ovale Fenster ist etwa 1,5 mm breit und 3 mm lang, die wassergefüllte Röhre ungefähr 30 mm lang und zu einer Schneckenform aufgerollt. Die Saiten sind ein Modell für eine in Querrichtung gespannte Membran, die sogenannte Basilarmembran, deren Breite von etwa 0,04 mm am ovalen Fenster bis zu ungefähr 0,5 mm am anderen Ende zunimmt. Sie besteht aus etwa 4.500 parallel angeordneten Fasern – insofern ist die Vorstellung von Saiten einer Harfe einigermaßen zutreffend – an deren Enden sich um die 25.000 Härchen befinden, die mit entsprechend vielen Nervenzellen (den Tonabnehmern TA) verbunden sind. Wenn ein Teil der Membran schwingt, werden auch einige Härchen bewegt – ein Reiz entsteht, der durch den Hörnerv (den Leitungsstrang L) zum Gehirn (der Computer C) weitergeleitet wird. Die höchsten Töne wirken mehr auf das schmalere Ende der Basilarmembran, die tiefsten auf das breitere.

Unser Ohr reagiert auf Töne mit Frequenzen von 20 Hz bis 15.000 Hz, die höchste Empfindlichkeit liegt bei ungefähr 3.000 Hz. Für die Musik ist der Bereich von etwa 30 Hz bis 4.000 Hz am wichtigsten, das sind ungefähr sieben Oktaven. Tiefere Frequenzen werden kaum noch als Ton empfunden, die obere Hörgrenze ist individuell verschieden und auch vom Alter abhängig. Auf den Tonumfang von sieben Oktaven spricht ein Bereich der Basilarmembran an, der etwa 3.000 Fasern umfasst. Auf eine Oktave entfallen daher etwa 430 Fasern, auf einen Halbton 36. Daraus könnte man naiverweise schließen, dass der kleinste Tonabstand, den unser Ohr wahrnehmen kann, etwa ein Vierzigstel eines Halbtons beziehungsweise 2,8 Cent beträgt. Dieser Zahlenwert ist der Größenordnung nach sogar richtig, seine Begründung aber komplizierter. Tatsächlich schwingt ein größerer Bereich der Basilarmembran mit, wenn wir einen Ton hören, wobei sich der Punkt stärkster Anregung mit steigender Frequenz zum schmaleren Ende hin verschiebt, also in Richtung auf das ovale Fenster. Dieser Punkt verschiebt sich um

3,5–4 mm pro Oktave, also annähernd logarithmisch, wie es unserem Empfinden für Tonhöhen entspricht. Dass unser Ohr trotz der breit verteilten Anregung der Basilarmembran Tonhöhenunterschiede von einigen Cent – das entspricht Frequenzunterschieden im Promillebereich – feststellen kann, ist wirklich ganz erstaunlich.

Zur Erklärung dieser hochentwickelten Fähigkeit gibt es zwei verschiedene Theorien, die sich nach heutiger Auffassung im Ergebnis ergänzen. Die erste, die Ortstheorie besagt, dass je nach Frequenz unterschiedliche Orte auf der Basilarmembran angeregt werden. Sie wurde schon von Helmholtz (1821–1894) vertreten und bildet auch die Basis für das hier vorgestellte elektromechanische Modell. Ihr Schwachpunkt ist, dass sie die Tonhöhenempfindung von komplexen Klängen schlecht erklären kann. Die zweite Theorie nimmt an, dass unser Gehirn das zeitliche Muster der eingehenden Nervenimpulse analysiert. Dazu ist es notwendig, dass der Puls immer an einer bestimmten Stelle der anregenden Welle ausgelöst wird, zum Beispiel bei der größten Steigung. Diese Zeittheorie stimmt nicht bei Frequenzen oberhalb von ungefähr 5 kHz, ist aber für die Grundtöne unserer Musik anwendbar, die im Bereich bis etwa 4 kHz liegen. Beiden Theorien ist gemeinsam, dass sie auf der besonderen Fähigkeit des Gehirns beruhen, Muster schnell wiederzuerkennen, sowohl räumliche Muster auf der Basilarmembran als auch zeitliche Muster von Impulsfolgen.

Insgesamt steht fest, dass das Innenohr mit seinen Nervenzellen in Zusammenarbeit mit dem Gehirn ankommende Klänge in Sinusschwingungen verschiedener Frequenzen zerlegt, also eine Frequenzanalyse durchführt. Dabei kommt es nicht darauf an, wie die einzelnen Komponenten auf der Zeitachse angeordnet sind, die sogenannte Phasenlage spielt also keine Rolle. In Abbildung 37 ist gezeigt, wie zwei Schwingungen mit verschiedenen Frequenzen bei unterschiedlicher Phasenlage ganz verschiedene Summensignale ergeben.

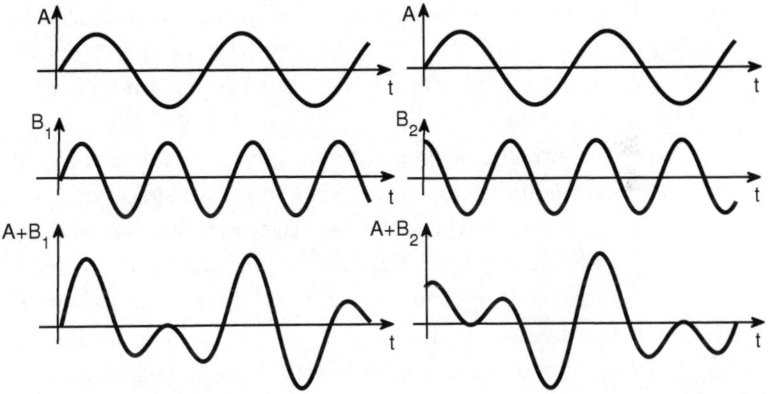

Abb. 37 Zwei Schwingungen und ihre Summen bei verschiedener Phasenlage

Eine erste Sinusschwingung A wird mit einer zweiten Sinusschwingung B überlagert, wobei zwei Fälle miteinander verglichen werden, die sich nur in einer Verschiebung von B auf der Zeitachse *t* unterscheiden. Man erkennt, dass die beiden Summensignale $A + B_1$ (links) und $A + B_2$ (rechts) durchaus unterschiedlich sind. Trotzdem hört unser Ohr in beiden Fällen das gleiche, und zwar die beiden Töne A und B gleichzeitig. Das ist schon erstaunlich, weil die Schwingungen des Trommelfells, die der Überlagerung der Töne folgen, ja deutlich voneinander verschieden sind. Unser Gehörsinn trennt auf eine noch nicht vollständig verstandene

Weise das Tongemisch wieder in seine Komponenten auf.

In den Kapiteln 6, 7 und 10 ist schon erwähnt worden, dass unser Gehör die Höhe eines Tons meist nach dem Grundton einer Naturtonreihe bestimmt. Wenn dieser aber fehlt, fügt es ihn virtuell hinzu, so dass man sein Fehlen gar nicht bemerkt. Wenn ein gehörloser Mensch diese Funktion ausführen wollte, müsste er mit geeigneten Messgeräten die Frequenzen der einzelnen Tonkomponenten bestimmen und ihre Differenzen bilden. Wenn sich dabei mehrfach der gleiche Wert ergibt, stellt dieser den Grundton dar, der mit Hilfe eines Tongenerators und Lautsprechers dem ursprünglichen Klang hinzugefügt werden müsste. Diese Messungen, Rechenoperationen und Entscheidungen laufen beim Hören von Teilen einer Naturtonreihe schnell und ganz unbewusst ab. Das Ergänzen von solchen unvollständigen Klängen stellt eine weitere bemerkenswerte Leistung unseres Gehörsinns dar.

Im Zusammenhang mit der Fähigkeit unseres Gehörs, einen physikalisch nicht vorhandenen Grundton einem Klang hinzuzufügen, steht die Beobachtung, dass verschiedene Personen gleiche Klangfolgen unterschiedlich wahrnehmen. Es gibt offenbar typische Grundtonhörer und Obertonhörer. Dazu hat man zahlreiche Tests durchgeführt, die an einem Beispiel hier erläutert werden sollen. Man erzeugt zum Beispiel unmittelbar nacheinander zwei synthetische Klänge, der erste besteht aus den Frequenzen 396 Hz, 528 Hz und 660 Hz, der zweite aus 440 Hz, 550 Hz und 660 Hz. Den Wechsel zwischen diesen Klängen empfinden manche Hörer als eine Tonerhöhung, andere als eine Verringerung der Tonhöhe. Zur Erklärung dieser zunächst verblüffenden Beobachtung sind die

Frequenzen der beiden Klänge in Abbildung 38 gegenübergestellt.

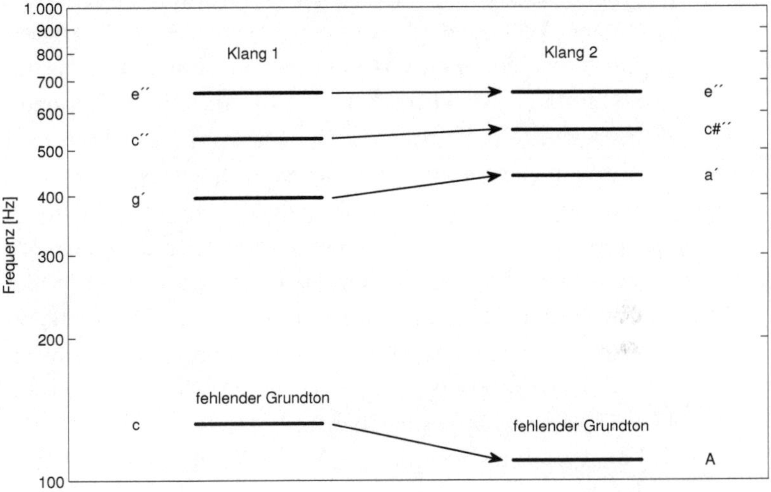

Abb. 38 Test zur Unterscheidung von Grund- und Obertonhörern

Der erste Klang (linker Teil der Abbildung) besteht aus den Tönen **g¹**, **c²** und **e²**. Zwischen den Frequenzen (396 Hz, 528 Hz, 660 Hz) bestehen zweimal Differenzen von 132 Hz, entsprechend dem Ton **c**, der den fehlenden Grundton einer Naturtonreihe bildet, dargestellt mit der Linie unten links. Der zweite Klang (rechter Teil) wird aus den Tönen **a¹**, **c♯²** und **e²** gebildet, mit den Frequenzen 440 Hz, 550 Hz und 660 Hz. Die Differenzen ergeben hier zweimal 110 Hz, entsprechend dem Ton **A**. Beim Übergang vom ersten zum zweiten Klang bewegen sich die real vorhandenen Töne (bis auf den höchsten) nach oben, während der vom Gehörsinn hinzugefügte Grundton sich abwärts verschiebt. Ein Teil der Testpersonen nimmt hauptsächlich das Absinken des Grundtons wahr – das sind die Grundtonhörer –, während andere vorwiegend das Ansteigen der Obertöne empfinden – das sind die Obertonhörer. Natürlich gibt es auch Übergänge zwischen beiden Hörertypen. Die verschiedenen Gruppen weisen dabei auch unterschiedliche Reaktionen in den betreffenden Gehirnregionen auf. Außerdem ist der Effekt von der Frequenz abhängig. Klangwechsel in tiefer Lage werden von manchen Personen anders gehört als solche in hoher Lage. Und schließlich gibt es signifikante Unterschiede zwischen verschiedenen Instrumentalisten: Spieler von hohen Melodieinstrumenten (Flöte, Trompete, Violine) und Schlagzeuger sind häufiger Grundtonhörer, Spieler von tieferen Instrumenten (Violoncello, Fagott) und Sänger sind eher Obertonhörer.

Als letztes Beispiel für die hoch entwickelten Fähigkeiten unseres Gehörsinns soll hier erwähnt werden, mit welcher Genauigkeit wir die Richtung bestimmen können, aus der ein Schallsignal kommt. Grundsätzlich hat das Gehör dazu zwei Möglichkeiten: Es kann Lautstärke- und/oder Zeitunterschiede der von den beiden Ohren empfangenen Signale analysieren. In entsprechenden Untersuchungen hat man herausgefunden, dass bei hohen Frequenzen der Unterschied in der Lautstärke verwendet wird. Mit diesem Mechanismus ist eine Schallquelle in horizontaler Richtung auf etwa 3° genau zu orten. Bei Frequenzen unter etwa 1000 Hz kommt dagegen der zeitliche Unterschied der beiden Signale zum Tragen, der eine noch höhere Genauigkeit erlaubt. Wenn die Quelle exakt vor der Mitte des Hörers liegt, erreichen die Schallwellen beide Ohren genau zur gleichen Zeit. Wenn der Schall aber von einem Punkt kommt, der in Bezug auf die Mitte seitlich verschoben ist, muss eine Welle einen weiteren

Weg zurücklegen als die andere. Der Schall erreicht also ein Ohr später als das andere. Dies ist der folgenden Abbildung 39 veranschaulicht.

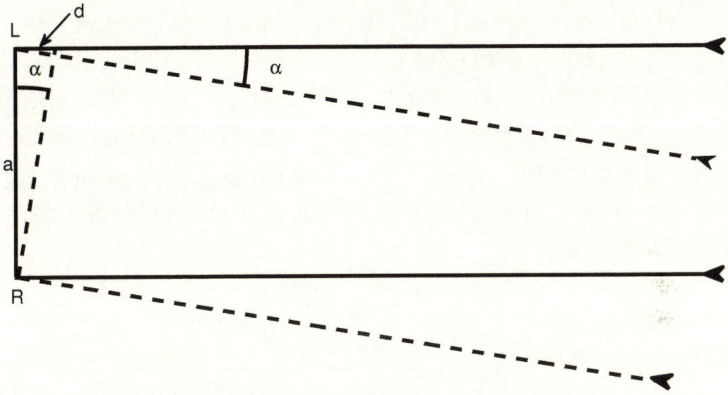

Abb. 39 Verschiedene Wege des Schalls zu den Ohren

Die mit L und R bezeichneten Punkte stellen das linke beziehungsweise rechte Ohr eines Menschen dar, der Abstand zwischen ihnen ist mit *a* bezeichnet. Wenn Schallwellen genau von vorne auf die Ohren treffen, sind ihre jeweiligen Wege – die durchgezogenen Linien – zum Ohr gleich lang. Die Wege von einer weiter rechts liegenden Quelle, mit gestrichelten Linien dargestellt, sind jedoch verschieden, der Weg zum linken Ohr ist um die kleine Strecke *d* länger. Der Winkel, um den die Schallquelle aus der Sicht des Hörers gegenüber der Geradeaus-Richtung erscheint, ist mit α bezeichnet. Der gleiche Winkel α tritt auch in dem schmalen rechtwinkligen Dreieck auf, dessen HYPOTENUSE die Verbindungslinie zwischen L und R bildet. Für dieses Dreieck gilt:

$$\sin \alpha = d/a.$$

Man hat herausgefunden, dass der kleinste Winkel, den das Gehör auf diese Weise unterscheiden kann, im Bereich von 1° liegt. Wenn man für den Abstand a der Ohren etwa 15 cm ansetzt, erhält man mit $\sin(1°) \approx 0{,}017$ für die Strecke d einen Wert von etwa 2,6 mm. Für diese Strecke benötigt der Schall ungefähr $8\,\mu s = 0{,}000008\,s$. Unser Gehör kann also Zeitunterschiede im Bereich von hunderttausendstel Sekunden wahrnehmen, wieder eine fast unglaubliche Leistung, die das kleine Innenohr in Zusammenarbeit mit dem Gehirn erbringt.

18. Nachwort

Dass zwischen Tönen und Zahlen eine enge Beziehung besteht, hat viele Menschen schon seit frühen Zeiten fasziniert. In einem allgemeineren Sinne ist es auch erstaunlich, dass sich die Vorgänge in der realen Natur mit Hilfe der Mathematik berechnen lassen, also mit einem nur aus Begriffen bestehenden Gedankengebäude. Wie in diesem Buch gezeigt, kann man zum Beispiel durch Lösen einer Differentialgleichung etwas über die Bewegung realer Gegenstände erfahren. Heute ist die Physik der musikalischen Phänomene im Prinzip vollständig verstanden, allerdings stößt die Berechnung der Tonentstehung und -ausbreitung in der Praxis auf Grenzen: exakt berechenbar sind nur idealisierte Modelle. Unsere Musikinstrumente sind beispielsweise so komplex, dass ihr schöner Klang sich einer Berechnung entzieht. Umso mehr muss man das jahrhundertealte Erfahrungswissen der Instrumentenbauer bewundern. Selbst moderne Hochleistungsrechner können den Zusammenklang eines Orchesters oder die klanglichen Eigenschaften eines Konzertsaals nicht in allen Details und unter allen Bedingungen vorausberechnen.

Faszinierend sind auch die erstaunlichen Fähigkeiten des menschlichen Gehörorgans, die vielseitigen Möglichkeiten der Wahrnehmung, Filterung, Ergänzung und Verortung von Klängen. Vielleicht hat dieses Buch Sie dazu angeregt, die eine oder andere Rechnung selbst nachzuvollziehen. Das ist der beste Weg, die Scheu vor der Mathematik zu überwinden!

Anmerkungen

(1) In der Physik wird zwischen „Masse“ und „Gewicht“ streng unterschieden. Die Masse ist die Größe, deren Trägheit bei einer Beschleunigung überwunden werden muss. Sie ist eine unveränderliche Eigenschaft eines Gegenstandes und wird in Gramm, Kilogramm oder Tonnen gemessen. Das Gewicht dagegen ist die Kraft, mit der ein Gegenstand von unserer Erde angezogen wird, und die er auf seine Unterlage ausübt. Spätestens seit der ersten Landung von Menschen auf dem Mond ist wohl allgemein bekannt, dass ein Gegenstand dort nur ungefähr ein Sechstel seines Gewichts auf der Erde hat, weil die Anziehungskraft des Mondes entsprechend geringer ist. Das Gewicht ist also keine unveränderliche Größe. Im alltäglichen Leben spielt der Unterschied zwischen Masse und Gewicht kaum eine Rolle, und es stört darum auch nicht, wenn man das Gewicht in kg angibt. Die physikalische Einheit für eine Kraft (und damit auch für das Gewicht) ist das Newton, abgekürzt N. 1 N ist die Kraft, die eine Masse von 1 kg um 1 m/s^2 beschleunigt. Eine Masse von 1 kg hat auf der Erde ein Gewicht von ungefähr 9,81 N, und 1 N ist das Gewicht von etwa 102 Gramm.

(2) Die Gleichung $x'' = -(k/m) \cdot x$ wird ebenso auch von den Funktionen $x(t) = A \cdot \cos(\omega t)$, $x(t) = A \cdot \sin(\omega t) + B \cdot \cos(\omega t)$ und $x(t) = A \cdot \sin(\omega t + \phi)$ gelöst. Diese Lösungen stellen aber Funktionen von der gleichen Art wie $x(t) = A \cdot \sin(\omega t)$ dar. Durch entsprechende Wahl der Konstanten A, B und ϕ können sie ineinander umgerechnet werden.

(3) Wenn man in physikalische Gleichungen konkrete Zahlenwerte einsetzt, um eine gesuchte Größe zu berechnen, muss man die zueinander passenden Einheiten des internationalen Einheitensystems benutzen, damit die Rechnung den richtigen Wert ergibt. Das sind bei Längen das Meter (m), bei Flächen m^2, bei Volumina m^3, bei Massen das Kilogramm (kg), und bei Zeiten die Sekunde (s).

(4) In avantgardistischer Musik werden sie vielleicht doch benutzt: tatsächlich kann man auf einem Streichinstrument hohe quietschende Töne erzeugen, indem man den Bogen nicht quer zur Saite bewegt, wie es beim normalen Spiel üblich ist, sondern in Längsrichtung schabt.

(5) Die Bezeichnung „Naturtonreihe“ hat sich eingebürgert, weil sie den Grundton und die sich natürlich bildenden Obertöne von Saiten- und Blasinstrumenten aufzählt. Diese beiden Instrumentenfamilien spielen in der europäischen „klassischen“ Musik die wichtigsten Rollen.

(6) Zu den Holzblasinstrumenten werden auch die heute meist verwendeten Flöten gezählt, obwohl sie aus Metall hergestellt werden. Der Grund dafür ist, dass die Vorgängerinstrumente und ihre modernen Nachbauten aus Holz bestanden und bestehen. Ebenso zählen die Saxophone zu den Holzblasinstrumenten, weil ihr Mundstück sehr ähnlich dem der Klarinette ist.

(7) Die Lösung der Wellengleichung für den Fall einer kreisrunden Membran führt auf die sogenannten Besselfunktionen, benannt nach dem Astronom und Mathematiker Friedrich Wilhelm Bessel (1784–1864), sie bilden ein Kapitel der höheren Mathematik.

(8) In der Mathematik nennt man die Darstellung einer Funktion durch eine Summe von Komponenten mit verschiedenen Frequenzen eine Fourier-Analyse, nach dem Physiker und Mathematiker Joseph Fourier (1768–1830).

(9) In diesem Beispiel wurde der sogenannte Logarithmus zur Basis 10 angewendet. Zur Erinnerung: um die Gleichung $x = 10^Y$ nach y aufzulösen, schreibt man $y = \lg(x)$. Zum Beispiel ist $\lg(100) = 2$, denn $10^2 = 100$, ebenso $\lg(1000) = 3$, denn $10^3 = 1000$. Bei einer logarithmisch geteilten Skala sind an den Teilstrichen die jeweils entsprechenden Zahlen angeschrieben, die Positionen der Striche entsprechen jedoch den Logarithmen der Zahlen.

(10) Von einem bekannten Rockmusiker wurde die in seinen Kreisen übliche Definition der Harmonie mit dem Satz beschrieben: „Jeder Ton passt zu jedem".

(11) Wenn man den Hörbereich von 20 Hz bis 15.000 Hz ansetzt, liegt seine Mitte beim geometrischen Mittel dieser Werte, also um 550 Hz.

(12) Siehe Roederer 1995, S. 40.

(13) Der Quintenzirkel wird so bezeichnet, weil man im heutigen Tonsystem nach zwölf Schritten zu je einer Quinte wieder zum Ausgangston zurückkehrt. Von C aufwärts lautet er: C – G – D – A – E – H – Fis/Ges – Des – As – Es – B – F – C. Wenn diese Quinten aber „rein" sind, das heißt durch das Frequenzverhältnis 3:2 gebildet werden, kehrt man nicht genau zu einem C, sondern zu einem etwas höheren Ton zurück. Darum sagt man, dass sich der Quintenzirkel nicht schließt. Aus diesem Grund wird er manchmal nicht als Kreis, sondern als eine Schraubenlinie dargestellt.

(14) Gebrochene Exponenten: es ist zum Beispiel $\sqrt{2} = 2^{½}$. Das kann auf folgende Weise erklärt werden: es ist $x = \sqrt{x} \cdot \sqrt{x} = x^{½} \cdot x^{½} = x^{(½\ +\ ½)} = x^1 = x$. Analog erhält man $\sqrt[4]{5} = 5^{¼}$.

Glossar

Ableitung: Ausdruck in der Mathematik für den sogenannten Differentialquotienten, das Maß für die Änderung einer Größe. Z. B. ist die Ableitung in einem Diagramm die Steigung einer Kurve in einem Punkt.

Absorption: das Auslöschen einer Welle in einem Medium.

Absorptionskoeffizient: Bruchteil der Energie einer Welle, der absorbiert wird.

Aerophone: „Luftklinger", eine der vier Klassen der wissenschaftlichen Einteilung der Musikinstrumente nach Hornbostel/Sachs, z. B. Blasinstrumente.

Anharmonizität: Abweichung vom harmonischen Verhalten, die Frequenzen der Obertöne sind nicht exakt ganzzahlige Vielfache der Frequenz des Grundtons.

Arithmetischer Mittelwert: die Summe mehrerer Werte, dividiert durch ihre Anzahl; bei zwei Werten a und b ist ihr arithmetischer Mittelwert $(a+b)/2$.

Amplitude: größte Auslenkung einer Schwingung von ihrer Mitte, der sogenannten Ruhelage.

Beschleunigung: die Änderung einer Geschwindigkeit pro Zeit, gemessen in m/s^2.

Bogenmaß: Maß für einen Winkel, definiert durch die Länge eines Kreisbogens dividiert durch den Radius dieses Kreises. Ein Kreis mit dem Radius r hat einen Umfang von $2\pi r$. Das Bogenmaß eines vollen Winkels von 360° beträgt daher $2\pi r/r = 2\pi$, eines rechten Winkels von 90° $2\pi/4 = \pi/2$.

Cent: relatives Maß für die Tonhöhe. Eine Oktave entspricht 1200 Cent, ein Halbton in temperierter Stimmung 100 Cent.

Chordophone: „Saitenklinger", eine der vier Klassen der wissenschaftlichen Einteilung der Musikinstrumente nach Hornbostel/Sachs, Saiteninstrumente.

Dämpfung: Vorgang, der zur Abnahme der Amplitude einer Schwingung führt, z. B. durch Reibung oder anderen Entzug von Schwingungsenergie.

Dichte: Masse pro Volumen, die Dichte von Wasser beträgt etwa 1 g/cm³, 1 kg/l, 1000 kg/m³.

Didymisches Komma: der Unterschied zwischen großem und kleinem Ganzton in der sogenannten reinen Stimmung, entspricht einem Frequenzverhältnis von 81/80 und einem Unterschied in der Tonhöhe von 21,5 Cent.

Differentialgleichung: Ausdruck in der Mathematik für eine Gleichung, die eine Größe und eine oder mehrere Ableitung(en) dieser Größe enthält.

Differenzton: zusätzlicher Ton, die beim gleichzeitigen Erklingen zweier Töne entstehen kann, dessen Frequenz gleich der Differenz der Frequenzen der ursprünglichen Töne ist.

Digitaltechnik: Teilgebiet der Elektronik, in dem mit nur zwei Zuständen gearbeitet wird, z. B. „Ein" und „Aus", dargestellt mit Ziffern „1" und „0", nicht aber mit Zuständen dazwischen; Grundlage der Datenverarbeitung in Computern.

Dissonanz: Zusammenklang zweier Töne, der als unangenehm empfunden wird, von der Zeit in der Geschichte und vom Kulturkreis des Hörers abhängig.

Elektrophone: „Elektronenklinger", Ergänzung der wissenschaftlichen Einteilung der Musikinstrumente nach Hornbostel/Sachs um die elektronischen Musikinstrumente.

Flageoletton: bei einem Saiteninstrument Ton, der bei leichtem Aufsetzen eines Fingers auf die Saite entsteht; so wird an diesem Ort ein Schwingungsknoten erzwungen. Flageolettöne sind mindestens eine Oktave höher als der Ton der leeren Saite.

Formant: feste Frequenz oder fester Frequenzbereich, der im Spektrum eines Musikinstruments oder der menschlichen Stimme stärker hervortritt, unabhängig von der jeweiligen gespielten bzw. gesungenen oder gesprochenen Tonhöhe.

Frequenz: Geschwindigkeit eines sich wiederholenden Vorgangs, gemessen in Hertz, das ist Anzahl pro Sekunde, in der Musik absolutes Maß für die Tonhöhe.

Gebrochener Exponent: in der Mathematik eine alternative Schreibweise für Wurzeln. Es ist z. B. $\sqrt{2} = 2^{1/2}$. Zur Veranschaulichung: Es ist $x = \sqrt{x} \cdot \sqrt{x} = x^{1/2} \cdot x^{1/2} = x^{(1/2+1/2)} = x^1 = x$. Analog erhält man $\sqrt[4]{5} = 5^{1/4}$.

Gedackte Pfeife: Orgelpfeife mit einem geschlossenen Ende, klingt eine Oktave tiefer als eine gleichlange offene Pfeife, wird für die tiefsten Register eingesetzt, wenn Material und/oder Raum eingespart werden soll.

Geometrischer Mittelwert: die n-te Wurzel aus dem Produkt von n Werten, z. B. bei zwei Werten a und b ist der geometrische Mittelwert $\sqrt{(a \cdot b)}$.

Geschwindigkeit: die Änderung des Orts pro Zeit, gemessen in m/s.

Grundton: tiefster Ton einer Naturtonreihe, bestimmt meist die wahrgenommene Tonhöhe.

Harmonischer Oszillator: idealisierte Anordnung aus einer Masse und einer Feder, einfachstes schwingungsfähiges Gebilde.

Hörbereich: der Bereich von Frequenzen, der vom menschlichen Ohr wahrgenommen werden kann, meist von 20 Hz bis 15.000 Hz angenommen; individuell verschieden, die obere Hörgrenze nimmt mit dem Alter ab.

Hypotenuse: die Seite in einem rechtwinkligen Dreieck, die dem rechten Winkel gegenüber liegt.

Idiophone: „Selbstklinger", eine der vier Klassen der wissenschaftlichen Einteilung der Musikinstrumente nach Hornbostel/Sachs, meist Schlaginstrumente.

Irrationale Zahlen: Zahlen, die nicht als Bruch oder Dezimalzahlen darstellbar sind, z. B. Wurzeln wie $\sqrt{2}$.

Kalkant: Hilfskraft, die die Blasebälge alter Orgeln bedient.

Kammerton: international festgelegte Tonhöhe von **a'** zu 440 Hz.

Klang: im physikalischen und musikalischen Sinn ein akustischer Reiz, der aus mehreren Frequenzen zusammengesetzt ist.

Komma: siehe didymisches bzw. pythagoräisches Komma.

Kolophonium: Baumharz, das benutzt wird, um die Haare der Bögen von Streichinstrumenten einzureiben, damit sie die Saiten kräftig in Schwingung versetzen können.

Kombinationston: zusätzlicher Ton, der beim gleichzeitigen Erklingen von Tönen und ihrer Differenz- und Summationstöne entstehen kann.

Kondensator: elektronisches Bauelement, das eine elektrische Ladung speichern kann.

Konische Bohrung: Bohrung eines Blasinstruments, deren Durchmesser über die Länge der Bohrung gleichmäßig zu- oder abnimmt, hat die Form eines Kegelstumpfs.

Konsonanz: Zusammenklang zweier Töne, der als angenehm empfunden wird; in verschiedenen Kulturkreisen und historischen Epochen jeweils anders bestimmt.

Kraft: in der Physik Ursache für eine Form- oder Bewegungsänderung, im internationalen Einheitensystem gemessen in N (Newton). Eine Kraft von 1 N beschleunigt z. B. eine Masse von 1 kg um 1 m/s^2. Die Erde zieht eine Masse von 1 kg mit einer Kraft von ungefähr 9,81 N an.

Kreisfrequenz: die mit 2π multiplizierte Frequenz. Sie wird benutzt, weil die Periode der Sinusfunktion 2π beträgt, wenn man den Winkel im sogenannten Bogenmaß angibt. 2π entspricht dem Winkel von 360°, also einem vollen Kreisumlauf.

Lautstärke: Maß für die Stärke eines Schalleindrucks auf einen durchschnittlichen „Normalhörer", wächst proportional zur Wurzel aus der Schallenergie an.

Lineare Teilung: Teilung einer Skala mit gleichen Abständen bei gleichen Differenzen der dargestellten Werte.

Linienbreite: Breite der Darstellung einer Frequenz in einem Spektrum; im Idealfall gleich Null, daher die Bezeichnung „Linie", in der Praxis aber eine endliche Größe.

Logarithmische Skala/Teilung: Teilung einer Skala mit gleichen Abständen bei gleichen Quotienten der dargestellten Werte.

Longitudinal: in Längsrichtung

Luftdruck: Kraft pro Fläche, hervorgerufen durch die Luft, beträgt auf Meereshöhe etwa 1 bar (10^5 N/m^2), nimmt mit zunehmender Höhe ab, ist vom Wetter abhängig.

Masse: in der Physik Eigenschaft der Materie, gemessen in kg, die sich auf zwei Weisen äußert: die „träge" Masse setzt einer Änderung ihrer Geschwindigkeit eine Kraft entgegen, die „schwere" Masse unterliegt der Schwerkraft, also z. B. der Erdanziehung.

Maximum: in der Mathematik der größte Wert einer Funktion in einem Bereich um die Stelle, an der sich dieser Wert ergibt.

Mechanik: Teilgebiet der Physik, das sich mit Kräften und Bewegungen beschäftigt.

Membranophone: „Hautklinger", eine der vier Klassen der wissenschaftlichen Einteilung der Musikinstrumente nach Hornbostel/Sachs, z. B. Trommeln und Pauken.

Minimum: in der Mathematik der kleinste Wert einer Funktion in einem Bereich um die Stelle, an der sich dieser Wert ergibt.

Mitteltönige Stimmung: eine Stimmung, bei der alle ganzen Töne gleich groß und die großen Terzen rein sind, entsprechend einem Frequenzverhältnis von 5/4.

Modus, Mode: (Plural: Modi, Moden) Schwingungsform(en).

Monochord: einfaches Musikinstrument, bestehend aus einem Kasten, einer darauf zwischen zwei festen Stegen gespannten Saite, und einem die Saite zwischen den beiden festen Stegen berührenden verschiebbaren dritten Steg, der die Saite in zwei Abschnitte teilt. Auf dem Kasten befindet sich eine Skala, mit deren Hilfe die Position des dritten Stegs und damit das jeweilige Teilungsverhältnis abgelesen werden kann.

Nachhallzeit: Zeitdauer vom Abschalten einer Schallquelle bis zum Verklingen des Halls in einem Raum.

Naturtonreihe: Folge von Tönen, deren Frequenzen ganzzahlige Vielfache einer Grundfrequenz sind, bildet

Grundton und Obertöne von im Idealfall eindimensionalen schwingenden Objekten, annähernd realisiert in Saiten- und Blasinstrumenten. Die Bezeichnung „Naturtonreihe" hat sich eingebürgert, weil sie den Grundton und die sich natürlich bildenden Obertöne von Saiten- und Blasinstrumenten aufzählt. Diese beiden Instrumentenfamilien spielen in der europäischen „klassischen" Musik die wichtigsten Rollen.

Nichtlinearität: Abweichung vom linearen Verhalten. Linear ist ein Verhalten, wenn es in einem linearen Diagramm mit einer geraden Linie dargestellt werden kann.

Oberton: Ton, dessen Frequenz ein ganzzahliges Vielfaches der Frequenz eines Grundtons beträgt, Anzahl und Stärke der Obertöne sind für die Klangfarbe eines Tons verantwortlich.

Periode: Zeitdauer eines einzelnen Vorgang aus einer Folge sich wiederholender Vorgänge.

Phase, Phasenwinkel: Größe, die die zeitliche Verschiebung zweier Wellen gegeneinander beschreibt.

Pythagoräische Tonleiter: Tonleiter dadurch gebildet, dass alle Quinten rein sind, das heißt ihre Frequenzverhältnisse betragen 3/2.

Pythagoräisches Komma: der Unterschied zwischen 12 Quinten und 7 Oktaven, entsprechend einem Frequenzverhältnis von etwa 1,01364 und einem Unterschied in der Tonhöhe von etwa 23,5 Cent.

Quintenzirkel: die Folge der Grundtöne der Tonarten, jeweils um eine Quinte fortschreitend.

Rationale Zahlen: Zahlen, die in Form eines Bruchs oder einer Dezimalzahl darstellbar sind, z. B. 3/2 oder 1,5.

Reflektor: ein Gegenstand, an dem Reflexion stattfindet.

Reflexion: das Zurückwerfen einer Welle an einer Oberfläche.

Reibung: eine Kraft, die einen sich bewegenden Körper abbremst, tritt z. B. zwischen Körper und seiner Unterlage oder der umgebenden Luft auf, wächst in vielen Fällen proportional zur Bewegungsgeschwindigkeit an.

Resonanz: Mitschwingen eines zweiten schwingungsfähigen Systems durch Kopplung mit einem ersten, insbesondere, wenn die Frequenzen der beiden Systeme übereinstimmen.

Resonanzkatastrophe: unbegrenzte Zunahme der Amplitude einer ungedämpften Schwingung, die beständig angeregt wird.

Rotationsellipsoid: Körperform, die entsteht, wenn eine Ellipse um eine ihrer Achsen gedreht wird.

Schalldruck: physikalisches Maß für die Lautstärke, genauer für die Amplitude der Schwankungen des Luftdrucks um seinen Mittelwert, den Druck bei nicht schwingender Luft.

Schallenergie: die Energie, die von den Schallwellen transportiert wird.

Schallgeschwindigkeit: Geschwindigkeit, mit der sich der Schall in einem Medium fortpflanzt; in der Luft bei Zimmertemperatur etwa 340 m/s.

Schwebung: Effekt, der beim gleichzeitigen Erklingen zweier Töne entsteht, wenn die Differenz der beiden Frequenzen unterhalb des Hörbereichs liegt; äußert sich darin, dass man nur einen Ton mit dem arithmetischen Mittelwert der beiden Frequenzen hört, dessen Lautstärke mit der Differenz der beiden Frequenzen schwankt.

Schwingkreis: elektronische Schaltung aus Spule und Kondensator, in der sich eine elektrische Schwingung ausbilden kann.

Schwingungsbauch, Schwingungsknoten: ersterer bezeichnet in einer Schwingungsform den Ort maximaler Amplitude, letzterer den Ort, an dem keine Schwingung stattfindet.

Sinusfunktion: in der Geometrie ist der Sinus eines Winkels der Quotient aus der in einem rechtwinkligen Dreieck diesem Winkel gegenüberliegenden und der dem rechten Winkel gegenüberliegenden Seite. Die gleiche Funktion beschreibt auch den zeitlichen Verlauf einer Schwingung.

Spektrum: in der Akustik die Darstellung der Frequenzen eines Tons oder Klangs in Form eines Diagramms.

Spule: elektronisches Bauelement, das bei Stromdurchfluss ein magnetisches Feld erzeugt, das wiederum auf die Spule zurückwirkt, so dass der Strom auch nach Abschalten die Tendenz hat, weiter zu fließen.

Stimmbänder: Teile des Kehlkopfs, die beim Sprechen oder Singen angespannt werden.

Streuung: eine unregelmäßige Reflexion an einer rauhen Oberfläche.

Summationston: zusätzlicher Ton, der beim gleichzeitigen Erklingen zweier Töne entstehen kann, dessen Frequenz gleich der Summe der Frequenzen der ursprünglichen Töne ist.

Temperierte Stimmung: gezielte Verstimmung der Quinten, um den Quintenzirkel zu schließen. Wenn alle zwölf Quinten gleichmäßig temperiert sind, entsprechen sie einem Frequenzverhältnis von $2^{7/12} \approx 1{,}4983$ oder einem Unterschied in der Tonhöhe von exakt 700 Cent.

Ton: im physikalischen Sinn ein Ton, der nur eine Frequenz aufweist, im musikalischen Sinn ein akustischer Reiz, dem das Gehör eine Tonhöhe zuordnen kann, der mehrere Frequenzen enthalten kann.

Tonloch: seitliche Öffnung in einem Blasinstrument, die zum Erzeugen bestimmter Töne geöffnet wird, bei anderen Tönen mit einem Finger oder einer Klappe verschlossen wird.

Transversal: in Querrichtung.

Überblasen: bei einem Blasinstrument das Erzeugen eines Obertons anstelle des Grundtons, meist indem man stärker anbläst.

Wellenlänge: Abstand zwischen zwei aufeinanderfolgenden Wellenbergen bzw. -tälern.

Wolfsquinte: unsaubere Quinte, die an einer Stelle des Quintenzirkels entsteht, nachdem die anderen elf Quinten gemäß einer bestimmten Stimmung (z. B. der mitteltönigen) festgelegt worden sind.

Wurzeln: in der Mathematik Zahlen, die mit sich selbst multipliziert eine vorgegebene Zahl ergeben, z. B. $\sqrt{2} \approx 1{,}414213$.

Zylindrische Röhre/Bohrung: eines Blasinstruments, dessen innerer Durchmesser über seine Länge konstant ist.

Abbildungsverzeichnis

Literatur

Benade, A. H.: *Fundamentals of Musical Acoustics*, New York 1990

Benade, A. H.: *Horns, Strings, and Harmony*, New York 1992

Brüderlin, R.: *Akustik für Musiker*, Kassel 2003

Dickreiter, M.: *Musikinstrumente*, Kassel 2007

Fletcher, N. H.; Rossing, T. D.: *The Physics of Musical Instruments*, New York, Berlin, Heidelberg 1990

Gillessen, K.: *On the Use of Stretched Scales*, Galpin Society Journal LIII (2000), S. 312–315

Hall, D. E.: *Musikalische Akustik*, Mainz 2008

Helmholtz, H. v.: *Die Lehre von den Tonempfindungen*, Braunschweig [6]1913, Reprint Hildesheim, Zürich, New York 1983

Johnston, I.: *Measured Tones*, Bristol, Philadelphia 1994

Meyer, J.: *Acoustics and the Performance of Music*, Frankfurt/Main 1978

Meyer, S.; Wunderer, A.: *Grundlagen der Instrumentenkunde*, Wien 1950

Moore, B. C. J.: *An Introduction to the Psychology of Music*, San Diego, London 2003

Nederveen, C. J.: *Acoustical Aspects of Woodwind Instruments*, Illinois 1998

Pierce, J. R.: *Klang – Musik mit den Ohren der Physik*, Heidelberg, Berlin 1999

Powell, J.: *Was Sie schon immer über Musik wissen wollten*, Berlin 2011

Roederer, J. G.: *Physikalische und psychoakustische Grundlagen der Musik*, Berlin, Heidelberg, New York 1995

Schneider, P. und Weyenroth, M.: *The Neural Basis of Individual Holistic and Spectral Sound Perception*, Contemporary Music Review 28,3 (2009), S. 315 ff.

Stauder, W.: *Einführung in die Akustik*, Wilhelmshaven, o. J.

Taylor, C.: *Exploring Music,* Bristol, Philadelphia 1994
White, W. B.: *Die Technik des Klavierstimmens,* Instrumentenbau-Zeitschrift 9–10 (2011), S. 41 ff.

Abkürzungen

a	Abstand, Radius
A	Amplitude, Fläche
b	Beschleunigung, Breite
c	Ausbreitungsgeschwindigkeit
c_S	Schallgeschwindigkeit
d	Strecke
f	Frequenz, Funktion
f_R	Resonanzfrequenz
F	Kraft
k	Federkonstante
L	Länge
m	Masse, eine ganze Zahl wie n
MM	Metronomangabe (Metronom Mälzel)
n	eine ganze Zahl; wird verwendet für abzählbare Objekte (z. B. Schwingungsknoten)
N	Newton (mkg/s^2)
p	Druck, Luftdruck
r	Radius, Reibungskonstante
s	Stärke der Anregung einer gedämpften Schwingung
S	Saitenspannung
t	Zeit
T	Schwingungsdauer, Nachhallzeit
V	Volumen
x, y, z	Ortskoordinaten
α	Winkel, Absorptionskoeffizient
λ	Wellenlänge
μ	Masse pro Länge
π	Verhältnis Kreisumfang zu -durchmesser
ρ	Dichte (Masse pro Volumen)
ϕ	Phasenwinkel
ω	Kreisfrequenz ($2\pi f$)